KB123242

인생풍경

여행기자 박경일이 찾아낸 한국의 최고미경 27

책머리에

"여행기자는 미경 탐험가다."

따져보니 한 해의 3분의 1은 길 위에서 보냈다. 그 시간은 풍경 혹은 이야기를 찾아 헤맸던 날들이었다. 그렇게 10년을 넘게 다녔다. 끊임없이 무엇인가를 찾아내야만 했고, 고백하자면 그게 늘 힘겹고 버거웠다. 풍경과 이야기에 대한 집착이 본래 제 것이라 생각했지만, 돌이켜보면 그것도 불분명했다. 종래에는 끊긴 길 너머의 풍경이 궁금한 것이 일 때문인지, 나의 성향이나 욕망 탓인지 구분되지 않았다. 당연한 이야기지만, 직업으로 해야 하는 일은 훌쩍 떠난 여행과는 절대로 같은 수 없는 법이었다.

모든 것은 시간의 힘이었다. 지도의 등고선만으로 머리 속에서 지형을 그려내는 능력도, 그 도시에서 가장 깨끗한 숙소와 혼자 밥 먹기에 괜찮은 식당을 단번에 찾아내는 수완도 점점 나아졌다. 봄꽃이 어디서 가장 먼저 피어나며 어디에서 가장 더디게 피는지도 알게 됐다. 심지어 지자체별 제설작업의 속도 차이나 포획 어종별 어선의 포구 귀환시간 따위까지도 알게 됐다.

모두 다 아름다운 풍경을 만나기 위한 것이었다. 빼어난 풍경이란 일상의 반대쪽에 있는 법. 대개 멀고 인적이 없거나 닫히고 끊긴 길 뒤에 이런 풍경들이 있었다. 작고 사소한 가까운 풍경, 그리고 압도하는 먼 풍경 앞에서 가슴이 뭉클했다. 화려한 색감으로 출렁이는 곳도 있었고, 차가운 비장미로 빛나는 풍경도 있었다.

내가 온전한 여행자가 아니란 사실은 이런 풍경 앞에서 자주 느끼게 된다. 아름다운 풍경을 발견할 때마다 기뻤지만, 가만히 생각해보면 그 기쁨은 스스로 미감을 누리는 데서 얻어지는 게 아니라 '누군가의 소매를 붙들고 데려올 수 있다'는 기대와 설렘에서 나오는 것이었다. 미리 파견된 수색대의 역할. 먼저 가서 훌륭한 숙소와 기막힌 음식이 있는 곳을 발견했다는 사실을 뒤에 올 일행들에게 알려주는 답사자의 임무 말이다. 아름다운 풍경을 발견하면 먼저 일행들에게 들려줄 무용담에 대한 기대로 가슴이 두근거렸다. 거기를 어떻게 찾아냈으며 그곳의 경관이 얼마나 빼어난지를 어떻게 들려줄까. 가장 매끄러운 동선은 어떻게 짜야 할까. 풍경 앞에서 두리번거리며 카메라를 좀처럼 내려놓지 못하고, 문장을 떠올리고 지도를 뒤적이는 건 이 때문이다.

무엇이 풍경의 미감을 빚어내는 것일까. 해독하려 애썼으나 이제는 그저 앞에 서는 것만으로도 충분하다는 걸 깨닫게 됐다. 아름다운 풍경 앞에서 우리는 위로받는다. 그저 아름다우면 그걸로 충분하다. 여행이란 종래에 사람을 선(善)하게 만들어주는 일이라고 나는 믿는다. 길에서 만나는 아름다움이, 길에서 만난 이야기와 인연들이 사람들을 그렇게 만드는 것이다. 이 책으로 아름다운 풍경으로 묶어낸 글들을 내려 놓는다. 이제 풍경과 사람, 이야기에 대한 묶음이 하나 더 남았다.

차례

인생풍경 둘. 위로

괜찮다고 위로해주는 풍경을 마주하다 78

인생풍경 하나

만남

더할 수 없이
아름다운 공간을 만나다

만날 우

첫 번째 코스

걸음 걸음 풍경화를 만나는,
전북 무주 잠두길

"으름꽃 향기 짙은 금강변 벼룻길을 걷고 있습니다. 꽃을 떨군 벚나무들이 도열한 비포장 강변 길입니다. 이 길을 걷다가 연초록 신록과 물빛에 반해 넋을 잃고 말았습니다. 새소리와 꽃 향기가 겹쳐지고, 흙 길의 감촉까지 더해지니 무엇 하나 부족할 것이 없는 아름다움입니다.
빼어난 아름다움이나 정취와 마주칠 때면 마음속에 담아둔 소중한 이들을 데려오고 싶은 생각이 듭니다. 이 길은 굳이 멀리서 찾지 않아도, 우연히 마주친 낯선 이들의 손목마저 잡아 끌고 싶은 길입니다. 대한민국 어느 길을 떠올려봐도 이만한 곳을 좀처럼 떠올리기 어렵습니다. 특히 늦봄이라면 이보다 아름다운 길이 어디에 있을까요."

하나씩 걸어도,
세 길을 이어 걸어도 좋다

벼룻길은 한 걸음에 다 이어지긴 하지만, 하나씩 나누면 모두 3개의 길이다. 그 첫 번째가 전북 무주군 부남면 대소리에서 율소마을로 이어지는 이른바 '금강 벼룻길'. 고요한 강변 옆으로 벼랑을 깎아 만든 길은, 한 폭의 풍경화 속으로 들어가는 길이기도 하다. 신록이 물든 활엽수의 이파리들이 순한 초록으로 빛나고, 연초록이 고요한 강물에 반영된다. 이어지는 두 번째 길은 잠두마을의 강 건너편으로 이어진 숲길이다. 이제 막 꽃을 떨구고 새 잎이 돋아나는 벚나무들이 도열한 길에 오르면 오른쪽 발 아래로 맑은 강물이 흘러간다. 오래 묵은 흙길의 탄력이 발바닥으로 느껴지고, 새소리가 귀를 간질이는 곳을 지나면 세 번째 길을 만난다. 용포다리를 지나 대차리 마을의 강 건너, 소이진 나루가 있던 자리까지 이어지는 강변길이다.

주르륵 다 이어보니 대략 15㎞쯤 되는 길 중, 하이라이트라 할 수 있는 세 곳의 길만 보자면 모두 2㎞ 남짓의 짧다면 짧은 길이다. 다 이어서 길게 걸어도 좋고, 하나씩 짧게 구간별로 걸어도 좋다. 어떤 길을 걷든 오감(五感)이 파르르 떨리는 기분을 느낄 수 있을 것이다. 그 기분을 느끼려면 봄이 다 가기 전에, 되도록 일찍 찾아가야 한다.

금강의 옛길은
잊혀졌기에 아름답다

금강을 끼고 있는 무주의 옛길들은 다 그렇다. 길은 오래전부터 있었지만, 금강 위로 다리가 놓이면서 옛길은 한순간에 흐려지고 말았다. 산 깊은 무주에서 금강 물줄기는 제법 가파른 벼랑을 치고 간다. 옛길은 당연히 그 벼랑의 비탈면을 따라 마을과 마을을 이었다. 강물 위로 거대한 콘크리트 다리가 놓이자 동시에 옛길이 쓰임새를 잃고 만 것은 어찌 보면 당연하다. 본래 '이쪽과 저쪽을 잇는 것'이 길의 목적이라면 불편하기 짝이 없던 옛길은 마을 사람들의 추억 속에나 남아있을 것이었다.

금강의 옛길이 아름다운 것은 바로 이 때문이다. 옛길은 차근차근 넓혀져 대로가 되지도 않았고, 이리저리 손을 대다 헝클어지지도 않았다. 다만 어느 날 한순간 강에 다리가 놓이면서 송두리째 잊히고 말았다. 마치 멸종된 공룡처럼, 켜켜이 지층 속에 고스란히 담긴 유물처럼…. 그렇게 옛길은 한순간 시간이 멈춰버린 것처럼 시간 속에 잠겨버렸다. 비록 길은 희미한 자취로 남아있으나, 경관은 무릎을 칠 정도로 빼어나다. 강변의 옛길이 워낙 거친 지형을 타고 넘기 때문에 접근하기 힘들기도 하고, 새로 생긴 번듯한 아스팔트 도로가 최단거리를 고집하느라 훌쩍 지나쳐버리는 바람에, 깊숙한 곳들의 아름다움이 오롯이 남아있다.

벼룻길,
짙은 꽃향기에 발길이 절로 멈추는 곳

벼룻길은 '강변 벼랑길'을 이르는 말이다. 벼룻길의 출발지점은 전북 무주군 부남면 소재지인 대소리. 면사무소 앞에서 교회 뒷길을 물어 콘크리트 도로를 따라 구릉을 오르면 사과 밭 곁에서 포장도로가 딱 끊긴다. 여기서부터 벼룻길이 시작한다. 시작은 거칠다. 뾰족한 잔돌들이 밟히고, 나뭇가지와 넝

쿨들이 슬금슬금 길 안쪽으로 들어와 있다. 그 숲을 헤치고 조금 더 걸으면 철쭉이 만발한 제법 뚜렷한 길이 나타난다. 왼쪽으로 금강을 끼고 산비탈의 좁은 소로를 따라 걷는 길이다. 원래 이 길은 벼룻길 너머 굴암마을 대뜰에 물을 대기 위해 일제강점기에 놓았던 농수로였다고. 농수로는 곧 길이 됐다. 율소마을 앞의 대티교가 놓이기 전까지 율소마을 주민들이 부남면 소재지로 가려면 이 길을 지날 수밖에 없었다. 주민들은 대소리에 서는 오일장을 보러 이 길을 걸었을 것이고, 아이들은 면 소재지의 학교를 가기 위해 이 길을 다녔을 것이다.

벼룻길은 고작 1.2㎞ 남짓이다. 짧아서 아쉬운 길이다. 그러나 그 길에서 몇 번을 멈춰 섰는지 셀 수조차 없다. 길에 들어서자마자 코끝에 짙은 꽃향기가 확 풍긴다. 으름덩굴에서 피워 올린 몇 송이의 꽃이 어찌 이리도 진한 향기를 내뿜는지. 이 길에서 가장 감동적인 것은 강변의 나무들이 키워낸 신록이다. 멈춰 서서 온 길을 뒤돌아보면 새순이 돋은 나무들이 그대로 강물에 반영돼 선경을 펼쳐 보인다. 벼룻길 중간을 넘어서면 강변에 불쑥 바위가 서 있다. 이름하여 '각시바위'다. 시어머니와의 갈등으로 이른 새벽 아무도 몰래 집을 나온 며느리가 앉아 기도를 하자 바위가 하늘을 향해 솟아오르다가 시어머니가 소리를 지르는 바람에 멈추고 말았다는 전설이 있다. 벼룻길은 각시바위 아래 약 10m 길이의 동굴을 지난다. 벼룻길을 막아선 바위를 정으로 쪼아서 낸 동굴이라 했다. 바위를 뚫고 길을 내는 것은 강물만이 아니다. 타들어가는 논바닥을 보다 못한 농민들의 우직하고 고된 노동도 능히 바위를 뚫어 길을 낸다.

벼룻길이 끝나는 밤소마을을 지나면 대티교 삼거리다. 여기서 직진해서 상굴교를 지날 때까지는 어쩔 수 없이 아스팔트 포장도로에 올라야 한다. 상굴교를 건너 굴암슈퍼 쪽에서 다시 강변으로 내려선다. 강을 건넜으니 이제 강이 오른쪽에서 따라온다. 이쪽의 강변길은 강과 같은 높이로 딱 붙어서 지난다. 여기서부터는 햇볕이 그려내는 세상이다. 굴암리를 지나온 금강이 황새목 절벽을 만나서 이룬 큰 소(沼)를 지나고, 다시 강물이 노고산을 만나 빚어낸 깎아지른 석벽도 지나면 너른 강변이 펼쳐진다. 강변에는 새 잎을 환하게 내놓은 버드나무들이 햇빛에 반짝이는 강물과 한데 어우러진다.

잠두교 교각 아래를 지나서 잠두마을로 접어들면 두 번째 길이 기다리고 있다. 그 길의 입구에 섰을 때 눈을 의심할 수밖에 없었다. 신록과 벚꽃이 어우러진 그 길의 아름다움이라니…. 길을 따라 끝간 데 없이 늘어선 벚나무마다 꽃이 흐드러지게 매달려 있다. 벚나무 길에서 다시 아스팔트길로 내려서서 새로 놓인 용포대교 교각 아래를 지나면 옛 용포교에 닿는다. 여기서 다리를 건너지 말고 콘크리트 도로를 따라 200m쯤 가다 보면 도로를 넓혀놓은 곳이 두 곳 있다. 두 번째 폭을 넓힌 콘크리트 도로 바로 위쪽으로 희미하게 길의 자취가 남아있다. 여기가 바로 세 번째 강변길이다. 일제강점기이던 1938년에 용포교가 놓이면서 잊힌 곳이다. 강 건너편으로 널찍한 포장도로가 나고, 다리가 놓여 쉽게 건너다니니 옹색한 강변길은 쓸모가 없어진 것이

다. 그러나 길은 갈수록 또렷해진다.

이 구간의 강변길은 다른 두 곳의 길에 비해 정취가 덜한 편이다. 그러나 발 아래로 내려다보는 강물과 숲에 집중해서 걷는다면 그것만으로도 모자람이 없다. 강 건너 멀리 내다보면 너른 들녘과 사과나무 과수원들이 펼쳐져 있어 색다른 맛을 주기도 한다. 게다가 대차리에 드는 강변에 합수머리가 있어 강물의 흐름이 훨씬 더 힘차다.

이전에는 마을 주민들을 싣고 금산에서 무주로 가던 버스가 잠두마을 벚꽃길을 지나 이쪽 강변길을 거쳐 배에 올라탄 후, 대차리 마을의 소이진 나루

터로 건너가 무주로 향했다고 한다. 지금은 자취마저 희미한 오솔길이라 버스가 다녔다는 사실이 믿어지지 않지만, 그때만 해도 버스가 다닐 정도로 넓은 신작로였다. 버스 운행이 끊긴 뒤에도 한동안 강을 건너는 섶다리가 놓여 있었지만, 그마저도 강물에 쓸려 내려가 버렸고 지금은 시멘트로 만든 낡은 세월교만 남아있다. 부남면 대소리에서 출발해 옛길을 따라 걸어서 세월교를 건너 대차리로 들면 15㎞의 강변길도 끝이 난다.

가는 길

POINT 무주 금강변 길을 찾아가려면 무주군 부남면 소재지인 대소리를 향하자! 그 곳에서 강변을 따라 걷는 15km 남짓의 길과 만나면 된다.

경부고속도로 → 비룡 갈림목 → 호남고속도로 지선 방면 → 산내분기점 → 대전-통영간 고속도로 → 금산 나들목 금산 방면 → 우체국 사거리 중앙로, 종합운동장 방면 좌회전 → 홍도 삼거리에서 무주 방면 좌회전 → 부남면 대소리

두 번째 코스

아득한 설경, 정선 만항재

"폭설이 쏟아지는 겨울, 정선 만항재를 넘어갑니다. 산은 온통 눈밭입니다. 쌓인 눈이 무릎을 넘는 건 보통입니다. 깊은 계곡에서는 허리까지 푹푹 빠집니다. 제설 작업으로 밀어낸 눈들이 어깨 높이의 설벽(雪壁)을 이루고 있는 도로를 따라 강원 정선과 태백이 만나는 백두대간의 능선으로 향합니다.

태백 준령의 넘실거리는 능선들은 지금 온통 눈으로 가득합니다. 낙엽을 다 떨군 낙엽송 가지에는 얼어붙은 눈이 쌓여있고, 산자락에는 아무도 밟지 않은, 푸른 빛이 감도는 눈밭이 펼쳐져 있습니다. 눈 덮인 전나무는 서 있는 그대로 거대한 크리스마스 트리입니다.

눈꽃으로 가득한
태백산에서 만나는 일출 풍경

태백산은 가슴이 터질 듯한 오르막도 없고, 아찔한 암봉도 없다. 산세는 웅장하지만 능선은 부드럽다. 해발 고도는 1567m에 달하지만 가장 빠른 코스를 택하면 2시간 남짓이면 정상에 닿는다. 태백은 겨울의 비장미와 썩 잘 어울린다. 일찍이 환웅이 3000명의 무리를 거느리고 내려온 곳이 바로 태백산의 신단수 아래다. 신과 인간이 처음 만났던 '신령의 산'이란 느낌은 태백의 온 천지가 눈으로 뒤덮여 겨울의 비장미를 뿜어낼 때 비로소 실감이 난다. 태백이 대표적인 '겨울산'으로 꼽히는 이유가 여기 있다.

태백산을 오르는 코스는 대략 네 가지다. 문수봉이나 부쇠봉을 거쳐 돌아가면 정상까지 7시간 남짓이 걸리지만, 겨울 등산이라면 대부분 당골이나 백단사 입구 또는 유일사 입구를 기점으로 삼는다. 편도 거리는 대략 4㎞ 남짓.

좀처럼 속도를 내지 못하는 눈밭 길을 걷는데도 정상까지는 2시간 30분쯤이면 넉넉하다. 하산까지 도합 4시간이면 된다. 사실 눈 내린 태백산에서 산행 소요시간은 전혀 문제가 안 된다. 나뭇가지마다 서리가 얼어붙은 상고대와 눈이 얼어붙은 설화, 눈의 무게를 못 이겨 휘어진 가지 등을 지나 걸으면 오히려 길이 짧은 것이 못내 아쉬워질 정도이니 말이다.

겨울 태백을 찾는 이들은 대개 유일사 입구를 기점으로 택한다. 이쪽에서 오르는 게 가장 쉬운 코스라는 점도 있겠고, 등산객들의 왕래가 잦은 코스라 눈길이 잘 다져져 있기 때문이기도 하다. 유일사까지는 길이 뚜렷해 거의 대로나 다름없다. 본격적인 산길은 유일사부터 시작된다. 여기서부터 나무마다 피어난 눈꽃들이 화려한 풍경을 보여준다. 여기서 풍경의 수준을 가르는 것은 시간대다. 되도록 눈 내린 이튿날, 혹은 기온이 급강하한 날을 골라 일찌감치 등산로에 오르는 것이 더 화려하고, 낭만적인 풍경을 만나는 요령이다. 그 중에서도 새벽 서너시쯤 산행을 시작해 일출 직전에 장군봉이나 천제단에 도착하는 것이 최선이다. 하늘과 맞닿은 채 굽이치는 능선에서 만나는 장엄한 일출, 아침 볕이 퍼지기 시작할 무렵 가장 아름다운 자태로 피어나는 상고대와 설화를 한꺼번에 만날 수 있기 때문이다.

만항재,
잘 단장된 설경을 만날 수 있는 곳

칼바람 속 겨울 태백산행이 엄두가 나지 않거나, 힘겨운 등산보다 가볍게 설경의 정취를 즐길 생각이라면 정선에서 영월로 넘어가는 고갯길 만항재를 찾아가는 것이 정답이다. 아니 태백산을 다녀온 길이라 해도 만항재의 설경을 놓치고 돌아가는 건 안될 일이다. 만항재는 태백산과 어깨를 나란히 하고 선 함백산 자락을 넘어가는 고갯길이다. 만항재의 해발고도는 1330m. 고갯길이란 대개 능선과 능선의 가장 낮은 목을 넘어가지만, 인근의 산들이 워낙 높은 탓에 고갯길의 고도가 웬만한 산의 정상 높이를 넘는다. 그래서 만항재는 한번 눈이 내려 쌓이면 봄이 올 때까지 겨우내 쌓인 모습 그대로이다.

만항재의 설경을 한마디로 말하자면 '정돈된 아름다움'이다. 만항재는 사실 봄부터 가을까지 피고 지는 야생화로 이름난 명소다. 그러나 겨울의 매력도 그에 못지않다. 기온이 급강하한 날 아침에 낙엽송 가지마다 서리가 얼어붙어 상고대가 만들어지면 그 풍경은 가슴이 저릿할 정도로 아름답다. 야생화가 피고 지던 초지는 온통 눈 이불로 덮이고 그 위로 솟은 나무들이 모조리 크리스마스 트리가 되면 그 아름다움에 눈앞이 아찔해질 정도다.

만항재

만항재를 찾았다면 이른바 '오대 적멸보궁' 중 하나로 꼽히는 정암사를 들러 보자. 적멸보궁이란 부처님의 진신사리를 모신 절집을 뜻하는 말인데 정암사에는 절집 뒤편 산자락에 세워진 수마노탑에 부처님의 사리가 모셔져 있다. 눈 내린 직후의 정암사는 아예 눈으로 포위된다. 열목어가 산다는 물길을 끼고 들어선 절집에서는 고개를 돌리는 곳마다 온통 눈 천지다. 눈 내린 날 정암사의 명물이라면 육화정사 옆의 마가목. 가지마다 매달린 빨갛게 익은 마가목 열매는 마치 순백의 도화지에 떨어뜨린 선명한 붉은 잉크처럼 풍경에 악센트를 준다. 또 죽은 둥치에서 새로 자라는 적멸궁 앞 주목에 눈이 내려 덮인 모습도 탄성을 자아내게 한다.

정암사

가는 길

POINT 눈 쌓인 고갯길은 늘 조심해야 하지만, 만항재는 눈이 내리기 시작함과 동시에 제설작업이 이뤄져 차량통행이 끊기는 법이 거의 없다. 그래도 겨울철에 차량으로 접근하겠다면 월동장구는 필수다.

중앙고속도로 제천 톨게이트 → 영월 · 단양 방면 우측길 → 산동교차로 단양 · 영월 방면 우측길 → 38번 국도 → 상갈래 삼거리 상동 · 정암사 방면 우회전 → 만항재

정암사

세 번째 코스

쩡쩡 얼어붙은 강을 걷다, 한탄강 얼음 트래킹

"강원도 철원의 겨울은 말 그대로 '혹한의 동토(凍土)' 입니다. 차체 아래에 고드름을 주렁주렁 매단 차들은 어지간해서 시동이 걸리지 않았고, 겨우 시동을 건 차들도 짐승처럼 흰 김을 뿜으며 조심조심 얼어붙은 도로를 오갔습니다.
전날 밤까지도 불을 켰던 포장마차는 바퀴가 얼어붙어 꼼짝도 하지 못했고, 추녀에 고드름이 커튼처럼 매달린 가게의 소주병은 얼어 터졌습니다. 큰(漢) 여울(灘)이란 이름의 한탄강이 소리를 다 버리고 적막하게 꽝꽝 얼어붙은 날. 그 단단한 얼음장 위에 올라서 강 위를 걸어봤습니다."

가장 뜨거웠던 물길이 차게 얼어붙다

지금은 꽝꽝 얼어붙은 얼음길이지만, 한탄강은 한때 시뻘건 불길과 함께 끓어 넘치는 용암이 흘렀던 자리다. 그게 27만 년 전의 일이다. 서울에서 원산을 잇는 경원선 철로가 북한 땅으로 접어들어 다섯 번째 역이 견불량역. 여기서 북동쪽 4㎞쯤에서 처음 화산이 폭발했다. 뒤이어 평강 서남쪽 3㎞ 지점의 오리산에서도 화산이 불을 뿜었다. 백두산과 한라산, 울릉도 성인봉이 일제히 폭발했던 이른바 한반도의 제4계 화산활동 시기였다.

견불량역 쪽에서 폭발한 화산의 용암은 금세 식어서 굳어버렸지만, 오리산이 뿜어낸 시뻘건 용암이 불바다와 함께 끓어 넘치면서 추가령 계곡을 넘고, 한탄강의 물길 자리를 타고 흘러 임진강 하류까지 무려 90㎞를 달렸다. 화산이 분출한 용암의 양은 어마어마했다. 이때 솟은 용암은 서울의 면적보다 더

넓은 650㎢(1억 9600여만 평)의 땅을 뒤덮었다. 용암이 식으면서 한탄강은 막혔지만, 강물은 화산석의 틈새를 가르고 침식하면서 새로운 길을 찾기 시작했다. 기기묘묘한 지금의 한탄강 협곡은 이렇게 만들어졌다.

한탄강의 풍경은 첫눈에도 생겨난 이력만큼이나 독특하다. 한탄강은 철원평야의 너른 들판 아래 깎아지른 벼랑을 이루며 푹 꺼진 자리에 있다. 그러니 한탄강을 보려면 협곡 아래로 '내려가야' 한다. 평야의 땅 아래 갈라진 계곡 사이로 강물이 흐르기 때문이다. 그러나 협곡을 이룬 강 아래로 내려설 수 있는 길이 많지 않고, 거친 협곡에다 곳곳에 바위가 있어 배를 띄우기도 쉽지 않으니 한탄강은 주로 '내려다보는' 풍경으로만 익숙하다. 그러나 겨울철 혹한에는 사정이 다르다. 얼어붙은 강의 수면 위로 내려설 수 있고, 언 강물 위에 쌓인 눈 위로 발자국을 찍으며 걸을 수 있으니 말이다. 한탄강이 겨울 혹한기에만 잠깐 허락하는 여정. 언 강의 수면 위로 치솟은 주상절리 협곡의 직벽 아래를 걷는 길. 이름 하여 한탄강의 물길을 따라가는 '얼음 트레킹'이다.

얼음폭포의 근육과
석벽의 뼈대

한탄강 얼음 트레킹 코스는 보통 직탕폭포 아래에서 시작해 송대소를 지나 승일교까지다. 다 걷자면 두어 시간 남짓이 걸리는 짧지 않은 길. 더러는 겨우내 혹한이 몰아쳐도 얼지 않는 승일교 아래쯤에서 발길을 멈추고 다시 고석정에서 시작해 순담계곡까지 발을 딛는 이들도 있지만, 웬만하면 거기까지 가지 않는 게 좋겠다. 한탄강 수계에서 가장 아름답다는 화강석 기암으로 이뤄진 순담계곡의 절경을 모르는 바는 아니지만, 급류를 이루는 이쪽은 수면 위에 얼음이 얇아진 곳들이 지뢰처럼 깔려 있다. 그러니 사정에 밝은 현지 주민과 동행하지 않는다면 승일교쯤에서 더 욕심을 부리지 않는 게 낫다.

트레킹 코스의 출발지점인 직탕폭포는 곳곳에 거대한 고드름 기둥을 세우고도 그 틈으로 찬물이 우레와 같은 소리를 내며 쏟아져 내린다. 다른 계절에 직탕폭포 앞에 서본 이들이라면 고작 5m 남짓에 불과한 폭포의 높이에 실망하기 십상이지만, 겨울철의 풍경은 사뭇 다르다. 힘찬 물살이 쏟아지면서 얼어붙은 형상이 마치 울끈불끈 근육질의 모양을 닮은데다, 푸른빛이 감도는 얼음 사이로 쉼 없이 쏟아지는 물색을 바라보노라면 비장감마저 느껴진다.

직탕폭포 아래서 강에 발을 들여놓았다. 세밑과 신년에 걸쳐 언 강 위에 쏟아진 눈은 아무도 밟지 않은 채 순백으로 빛났다. 인근 주민들은 "강을 덮은 얼음장의 두께가 족히 80㎝는 넘을 것"이라며 "걱정일랑 붙들어 매시라"고 했지만, 막상 한 발 두 발 깊은 강으로 걸음을 들여놓자 가슴이 두방망이질했다. 얼음장 저 아래쯤에서 '우지직' 소리가 들리는 듯했고, 내딛는 발이 급작스레 푹 꺼질 것도 같았다. 가장 공포스러웠던 것은 얼음판 한가운데 채 얼지 않은 몇 개의 '숨구멍'에서 쿨럭쿨럭 푸른 물이 솟아나는 모습이었다. 하지만 그것도 잠시뿐. 쌓인 눈 아래 푸르게 빛나는 얼음판을 가로질러서 딱 한 번 강을 건너가 보니 두려움은 금세 달아났다. 아무도 딛지 않은 눈 위에 홀로 발자국을 내면서 얼음장 위에서 미끄럼을 타기도 했고, 강 건너 직벽으로 다가서서 폭포처럼 쏟아지는 형상의 육각형 바위 주상절리를 만져보기도 했다. 거기서 가장 놀라웠던 것은 강의 한복판에 들어섰을 때, 강 밖에서와는 전혀 다른 풍경이 펼쳐진다는 것이었다.

현무암 기암절벽 아래
강 위를 걷다

얼음 트레킹 코스의 출발지점은 직탕폭포지만, 폭포 아래 얼음을 딛기가 조심스럽다면 아예 송대소 구간부터 시작하는 것도 좋다. 송대소부터 얼음 트레킹의 종점인 승일교까지는 최근 철원군이 얼음판 위에 철심을 박아 트레킹 코스를 안내해두었다. 알음알음 얼음 트레킹을 찾아오는 이들의 안전을 위해 설치해놓은 것인데, 덕분에 송대소부터 승일교까지는 개별적으로 찾아가더라도 안심하고 얼음 위를 걸을 수 있다.

한탄강 얼음 트레킹에서 최고의 경관이 펼쳐지는 곳은 깎아지른 석벽을 끼고 있는 송대소 구간이다. 송대소란 개성 송도사람 삼형제가 와서 둘이 이무기에 물려 죽고 나머지 한 사람이 이무기를 잡았다는 전설이 깃든 한탄강의 깊은 소(沼). 높이 30m가 넘는 거대한 현무암 기암절벽에는 결대로 떨어져나

간 주상절리들이 촘촘하다. 겨울철에 보여주는 직벽의 뼈대는 가히 장관이다. 반대편 직벽에는 바위틈으로 흘러내린 물이 샹들리에처럼 얼어붙어 또 다른 정취를 자아낸다. 깊은 곳의 수심이 무려 20m를 넘는다지만, 단단하게 얼어붙은 송대소 협곡을 걷노라면 안온한 느낌마저 든다. 송대소를 지나면 군데군데 급류로 얼지 않은 소들이 드러나 있는데, 위험구간에서는 줄을 매어두고 강변으로 우회할 수 있도록 해두었다. 얼음판 위에 찍혀 있는 발자국을 길잡이 삼아 따라가도 안전에 문제가 없긴 하지만, 위험구간을 막은 끈과 얼음판 위에 박아둔 철심 몇 개로 적잖이 안심이 된다.

다리 아래 물길 따라 흐르는 뜨거운 숨결

송대소를 지나면서부터 승일교까지는 강폭이 제법 넓어진다. 송대소 부근에서는 협곡에 눈길을 빼앗겼다면, 이제부터는 눈 쌓인 강변과 얼지 않은 작은 소의 물빛을 즐기는 시간이다. 간혹 미끄러운 얼음판에 엉덩방아를 찧기도 하겠지만, 굳이 얼음판 위에서 아이젠을 챙겨 신을 필요는 없다. 빙판에 올라서보면 알겠지만 아이젠보다는 균형을 잡거나 디딜 얼음판을 두드려보기에 등산용 스틱이 훨씬 더 유용하다.

얼지 않은 물길과 소를 피해 강변으로 내려섰다가 다시 언 강 위로 올라서길 대여섯 번쯤 하다보면 곧 한탄강을 가로지르는 다리 승일교 아래에 당도한다. 얼음 트레킹이 아니라고 해도 철원을 찾았다면 승일교는 따로 들러볼 만하다. 경관이 빼어나진 않지만 다리 하나에 새겨져 있는 의미 때문이다. 승일교는 6 · 25를 전후해 남북이 밀고 밀리면서 남측이 착공하고, 북측이 공사를 이어받았으며 미군 공병대가 완공하면서 아이러니한 '남북 합작'의 역사가 깃들어 있는 곳. 그래서 승일교란 이름도 당시 이승만 대통령의 승(承)자와 김일성의 일(日)자를 따서 붙여졌다. 그러나 우리 군의 입장에서는 다리 이름에 김일성의 이름 한 글자가 붙여진 채 불리는 게 적이 당혹스러웠을 터. 그래서 1985년 군부에서는 6 · 25 때 한탄강을 건너 북진하던 중 서른한 살의 나이로 전사한 고 박승일 대령을 기린다며 '승일'이란 이름은 그대로 둔 채 한자를 본래의 '承日'에서 '昇一'로 바꿨다. 그러나 땅 이름이나 다리 이름이 이런 의지만으로 바뀔까. 그 뒤로도 여전히 다리는 '承日'이란 이름으로 불리고 있다.

승일교에 갔거들랑 교각 위에서 신경림 시인의 '승일교 찬시' 한 구절 읽어볼 일이다.
"이 다리 반쪽은 네가 놓고 / 나머지 반쪽은 내가 만들고 / 짐승들 짝지어 진종일 넘고// 강물 위에서는 네 목욕하고 / 그 아래서는 내 고기 잡고 / 물길 따라 네 뜨거운 숨결 흐르고…."

가는 길

POINT 얼음 트레킹은 되도록 여럿이 함께 가는 것이 좋다. 혼자 강가의 얼음판 위에 올라서는 일은 위험하다. 안전하게 즐기고 싶다면 1월 중순 철원군이 주최하는 '한탄강 얼음축제'에 참여하는 것도 방법이다.

서울외곽순환도로 퇴계원 나들목 → 퇴계원 · 일동 방면 우회전 → 47번 국도 → 일동 사거리 포천 방면 좌회전 → 37번 국도 → 38선 오각정 전망대 지나 우회전 → 43번 국도 → 금탄 사거리 좌회전 → 463번 지방도로 → 직탕폭포

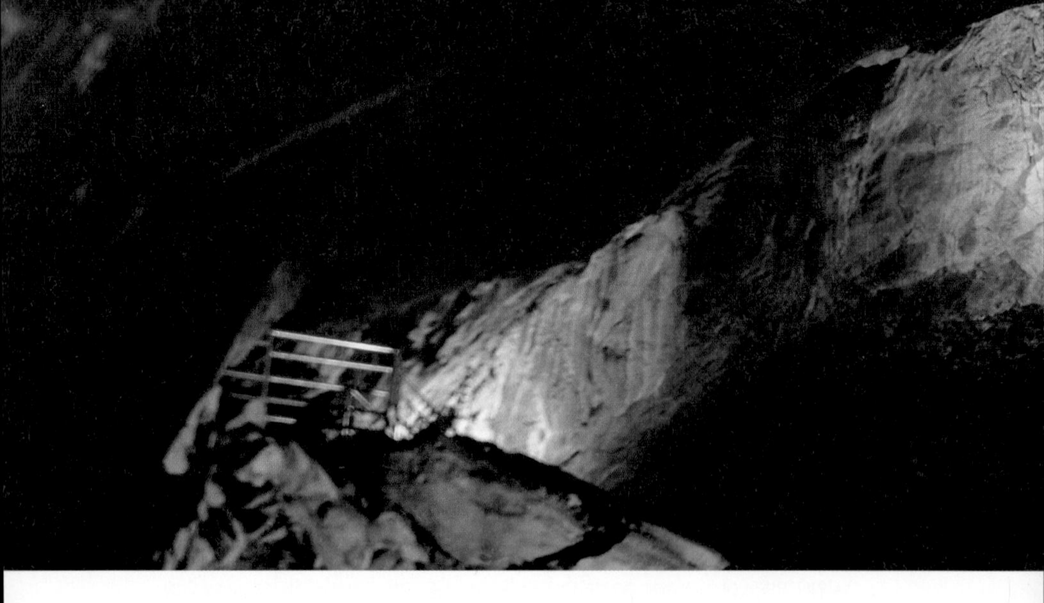

네 번째 코스

푸른 우윳빛 미인이 숨어있는, 통리협곡

"강원 삼척의 지각산(1080m), 그곳에 서서 처음 떠올린 이름이 바람의 계곡이었습니다. 산 허리에 촛대바위가 우뚝 선 석회암 협곡은 아찔했습니다. 한껏 과장된 무협지 속 세상으로 들어선 듯했습니다. 강원 삼척이라면 흔히 바닷가 풍경을 먼저 떠올리지만, 삼척은 거대한 협곡을 품고 있습니다. 서쪽에서부터 서서히 고도를 높인 한반도의 등뼈가 급경사로 뚝 떨어지는 자리에서 삼척 땅이 시작됩니다. 그러니 까마득한 협곡과 깊은 계곡이 즐비할 밖에요. 그 협곡에 가을 단풍이 화려하게 물드는 때 찾아가면, 눈 닿는 곳마다 모두 가을입니다."

미인폭포

미인폭포,
협곡을 흘러내리는 유연한 물굽이

강원 태백에서 삼척으로, 38번 국도를 이용해 통리재를 넘어가면 통리협곡이 있다. 흔히 미국의 그랜드캐니언에 비유되기도 하지만, 통리협곡을 그랜드캐니언의 위용에다 대는 건 좀 터무니없다. 지질학적인 면이라면 몰라도 두 협곡은 크기부터 아예 비교가 되지 않는다. 이런 과장된 비유를 믿고 통리협곡은 찾은 이들은 열에 아홉, 아니 열 명 모두 실망했을 게 틀림없다. 그러니 통리협곡을 찾아가려면 먼저 한국의 그랜드캐니언이라는 이미지와 기대부터 버려야 한다.

그렇다면 통리협곡은 왜 그랜드캐니언에 비유될까. 이유는 단 하나. 두 협곡이 모두 붉은빛의 퇴적암으로 이뤄져 있기 때문이다. 화강암 절벽이 대부분인 우리나라에서 자갈과 모래, 진흙이 겹겹이 쌓여 만들어진 붉은빛 수직 협곡의 느낌은 낯설다. 최대높이 279m에 이르는 까마득한 통리협곡의 지층은 공룡이 한반도를 어슬렁거리던 중생대 백악기 때 퇴적돼 이뤄진 것. 까마득한 과거에는 이쪽에 엄청난 크기의 강이 흘렀고 거대한 물길은 지층을 두부모처럼 잘라 협곡을 빚어냈다. 협곡의 지층이 붉은빛을 띠는 건 강물이 마른 뒤 퇴적층이 건조한 공기에 노출된 채 산화됐기 때문이다.

통리협곡이 그랜드캐니언보다 나은 게 있다면 붉은 지층의 벼랑에 근사한 한 줄기 폭포가 걸려 있다는 점이다. 이름 하여 '미인(美人)폭포'다. 남편을 잃은 미인이 이 절벽에서 투신했다는 전설이 있다. 폭포가 쏟아지는 절벽이 곧 통리협곡이니 미인폭포와 통리협곡은 같은 곳을 말하는 다른 이름인 셈이다. 삼척을 찾아갔다고 해도 미인폭포는 자칫 지나치기 쉽다. 어찌된 셈인지 삼척시의 관광안내지도에도 협곡과 폭포는 없다. 관광지로 개발되기는커녕 변변한 안내판조차 없이 꼭꼭 숨어 있어 길 찾기가 쉽지 않다. 우선 자그마한 절집 여래사부터 찾는 게 순서다. 태백에서 38번 국도를 타고 가다 통리삼거리에서 427번 지방도로로 우회전해 왼쪽 소로를 찾아 들어가면 여래사 입구다. 차를 거기 대고 협곡 아래로 이어진 '갈 지(之)'자 산길을 한참 내려가면 작고 초라한 절집 여래사가 있다. 여래사 경내의 요사체를 지나서 만나는 법당 앞이 협곡과 폭포가 한눈에 들어오는 명당자리다.

여래사에서 바라보는 미인폭포는 그 이름처럼 여성적이다. 대부분의 폭포들이 굵은 물줄기로 우르릉거리며 쏟아져 내려 남성미를 과시하는 데 반해, 미인폭포는 가녀리고 우아한 미인의 자태를 보여준다. 50m 높이의 적벽 협곡 사이를 수직으로 흘러내리는 물이 아래쪽의 바위를 타고 분수처럼 갈라져

퍼진다. 맑은 날이면 벼랑 이곳 저곳에는 드문드문 단풍이 반짝여 운치를 더해주고 흐린 날이면 안개나 구름으로 뒤덮여 신비한 모습을 보여준다.

미인폭포에서 가장 인상적인 것은 폭포 아래 고여 있는 오묘한 물색. 마치 코발트 물감에다 우유를 부은 듯한 색감이다. 본디 석회암이 녹아 들어간 물색이 푸른빛을 띤다는데 그 색감이 더없이 이국적이다.

바람의 협곡이 보여주는 장관

삼척에서 가장 깊고 우람한 협곡은 대이리 동굴지대 복판에 솟은 지각산에 있다. 지각산이라면 좀 생소하지만, 삼척의 환선굴이라면 모르는 이가 없을 터. 지각산은 허리쯤에 환선굴을 품고 있는 산이다. 그래서 지각산이란 이름보다 '환선봉'이라는 별칭으로 더 알려져 있다. 지각산은 보통 이웃한 덕항산과 이어 붙여 오르는 게 보통이다. 그러나 덕항산 쪽의 등산로는 삼척시가 노후한 탐방로 시설정비를 이유로 1년째 출입을 통제하고 있어 기왕에도 잘 알려져 있지 않은 산인데 등산객들의 발길이 더 뜸해졌다. 그럼에도 지각산을 권하는 이유는 석회암 지형 특유의 암봉이 이룬 까마득한 협곡을 따라 단풍이 불붙는 모습이 숨 막힐 듯 아름답기 때문이다.

지각산은 먼발치서부터 형세가 범상치 않다. 우람한 흙산의 봉우리들이 마치 바위처럼 뾰족하게 서 있는데, 봉우리 하나하나가 어쩐지 무협지 속 풍경 같기도 하고 중국 계림의 산군(山群) 같기도 하다. 본격 등산이 아니라면 탐방로 출입통제로 간 길을 고스란히 되짚어 내려와야 하는 덕항산은 포기하고 지각산까지만 다녀오는 게 낫다. 지각산 정상까지는 모노레일이 닿는 환선굴 아래쪽에서 출발하면 편도 1.6㎞ 남짓. 그다지 길지 않은 구간이지만 만만하게 생각하면 안된다. 처음부터 산길을 차고 오르는 등산로의 경사가 보통이 아니다. 정상까지 내내 가쁜 숨을 몰아 쉬며 발걸음을 옮겨야 한다. 단풍의 협곡을 보겠다면 굳이 정상까지 갈 것도 없다. 오름길에서 만나는 1, 2전망대까지만 다녀와도 충분하다. 힘이 부친다면 제1전망대에서 마주하는 풍경만으로도 충분히 보람차다.

지각산에서 최고의 풍경을 보여주는 구간은 촛대봉 아래로 뚫린 동굴을 지나 제1전망대에 이르는 구간. 동굴을 통과하면 깊은 협곡 건너편 능선의 바위와 숲이 어우러진 벽이 시야를 막아 선다. 건너편 석벽은 이쪽의 소리를 메아리로 다 받아낸다. 협곡 자체가 거대한 울림통이 돼서 산행객들이 나누는 대화까지도 마치 돌림노래처럼 들린다. 목청을 가다듬고 노래 한 곡을 뽑으면 산이 목소리를 되받아 깊고 장중한 울림으로 돌려보낸다.

제1전망대라 이름 붙여진 바위에 올라서면 저 아래 촛대봉이 우람하다. 온통 숲으로 뒤덮인 봉우리가 마치 죽순처럼 솟아 있다. 그 봉우리 아래 이제 막 동굴을 통과한 사람의 모습이 새끼손톱보다 더 작은데, 그 아래로 서늘한 협곡이 아찔하다. 지각산이 품고 있다는 '바람의 협곡'은 아마도 이곳 제1전망대에서 보는 경관을 말함이리라.

덕항산 촛대봉

인적 드문 단풍 계곡을 타박타박 걷는 맛

지각산이 품고 있는 환선굴은 익히 알려진 관광지. 우리나라에서는 물론이고 아시아에서도 가장 규모가 큰 석회암 동굴이다. 입구를 통과하면 입이 딱 벌어질 정도의 거대한 지하공간이 나타난다. 철제 탐방로를 놓았고 여기저기 색색의 조명을 설치했으며 교각 등의 시설물도 놓았다. 그 바람에 편하게 동굴을 관람할 수 있게 됐지만, 이런 편리함이 가져온 건 동굴의 훼손이다. 종유석과 석주는 사람의 손을 타서 말라버렸고, 만물상은 무너져 내렸다. '동전을 던지지 말라'는 안내판에도 불구하고 동굴 속의 맑은 소(沼)에는 관람객들이 던진 동전이 쌓였고, '음식물을 반입할 수 없다'는 경고문에도 아이들은 거리낌 없이 과자봉지를 들고 동굴로 들어갔다. 환선굴이 지금의 모습을 가지기까지 5억 3000만 년이 걸렸지만, 그 유장한 세월에다 대면 훼손은 그야말로 눈 깜짝할 사이에 이뤄진 셈이다.

환선굴이 거대한 동굴의 위용을 보여준다면 대금굴은 훼손되지 않은 동굴의 모습을 그대로 보여준다. '살아 있는 진짜 동굴'을 보겠다면 환선굴보다는 이웃한 대금굴이 백 배 낫다. 대금굴은 하루 관람인원을 엄격하게 통제해 미리 예약을 해야 한다. 조명이 아닌 헤드랜턴에 의지해 관람해야 한다는 불편이 있긴 하지만, 개방한 지 이제 5년 남짓이라 다양한 종유석, 석주, 석순들이 발견 당시의 신비한 모습 그대로를 유지하고 있다. 커튼처럼 드리워진 종유석과 바닥에서 갖가지 모양으로 솟아난 석순, 천장을 떠받치듯 서 있는 우람한 석주, 벽을 따라 흘러내리는 유석이 지금도 하루하루 자라고 있다. 대금굴에서 특히 아름다운 건 경사면을 따라 발달된 단구에 물이 고여 계단식 논처럼 보이는 휴석소의 모습이다.

단풍이 한창인 가을 즈음, 삼척을 찾았다면 내륙 쪽에서 또 하나 추천할 만한 코스가 있다. 신기리 너와마을 쪽에서 416번 지방도로와 910번 지방도로로 갈아타고 동활계곡을 거쳐 덕풍계곡까지 달리는 드라이브 코스이다. 굽이치는 동활계곡의 물길을 따라 단풍 협곡 사이로 이어지는 길은 가을을 만끽할 수 있는 가장 아름다운 길 중 하나다. 맑은 계곡물이 초록으로 환하게 빛나는 덕풍계곡에는 빽빽한 솔숲 사이로 붉고 노란 단풍이 한데 어우러져 색다른 가을 풍경을 빚어낸다. 단풍 곱게 물든 인적 드문 계곡을 끼고 타박타박 걷는 여유야말로 온통 북새통인 이름난 단풍 관광지에서는 누릴 수 없는 것들이다.

가는 길

POINT 안내판도 없이 꼭꼭 숨어있으니, 여래사부터 찾는 게 정답이다. 여래사 입구에 주차하고 협곡 아래 '갈 지(之)'자 산길을 한참 내려가면 협곡과 폭포를 만날 수 있다.

태백 → 38번 국도 → 통리 삼거리 → 427번 지방도로 우회 → 왼쪽 좁은 길 → 여래사 입구

다섯 번째 코스

가을의 끝자락에 만난 적요함,
땅끝 도솔암

"가을숲의 끝에서 손바닥만한 마당과 따스한 남쪽 바다를 두르고 있는 곳. 속세로부터 등돌려 앉아 무심하게 가을을 보내는 암자로 향하는 길입니다. 이렇게 찾아간 암자의 마당에서 만날 수 있었던 건 오래 머물던 가을이 단풍과 함께 져가는 모습, 수도자의 오랜 손길로 닳은 나무기둥, 무심하게 세월을 건너가고 있는 노스님과의 차 한잔, 암봉 끝으로 둥실 떠오르는 달과 같은 것들입니다. 살아 있는 모든 것들은 다 자연으로 돌아갑니다. 모두 다 돌아가는 때가 바로 가을입니다. 신록과 녹음을 지나온 나무들은 이제 무성한 잎을 붉은 정염으로 불태운 뒤 내려놓고 있습니다. 이렇게 다 내려놓고는 빈손이 됩니다. 늦가을의 여정으로 암자 행을 권하는 건, 거기서 '텅 비어 있음'의 시간을 만나기 때문입니다. 실타래 같은 산길을 따라 서걱거리는 낙엽을 밟으며 암자로 가는 길. 세간의 욕망을 벗어나고, 큰 절의 분주함에서 떠나와 당도하는 길 끝의 암자는 비어 있음으로 충만하답니다."

달마산 암봉 능선

가을이 가장 오래 머물다 지나는 숲길에 들다

전남 해남 두륜산 아래 대흥사로 이어지는 '장춘동(長春洞)'의 숲길을 걷는다. 언제 걸어도 계곡의 물소리가 청아한 길이다. 지금 그 길은 가을의 단풍빛이 환하다. 우수수 떨어져 떠내려온 단풍잎으로 계곡물은 붉게 물들었다. 숲길을 걸어 해남의 두륜산 아래 그윽한 절집 대흥사를 건너간다. 1500여 년 내력의 대흥사야 익히 알려진 거찰. 서산대사의 의발을 모셔둔 채 법맥을 이으며 위세를 키워왔고, 구불구불 자란 소나무를 대웅전 기둥으로 삼았으며, 내로라하는 당대 문사들의 현판을 받아 걸고 있는 절집이다. 이런 대찰을 지나서 두륜산으로 들어간다. 대흥사의 그윽함이야 굳이 말을 보태지 않아도 다들 알 일이다. 대흥사를 무심히 건너서 두륜산으로 들었던 건 이 때문이다.

대흥사가 두륜산에 거느리고 있는 산내 암자의 빛나는 아름다움은 아는 이들만 안다. 백화암, 청신암, 관음암, 진불암, 상관암, 일지암, 북미륵암, 남암 등. 두륜산의 산길에서 마주치는 암자만 해도 이 정도다. 여기다가 이름을 감추고 속세에 알리지 않은 거친 토굴도 산중 곳곳에 흩어져 있다. 산 아래 큰 절이 속세와 교류하는 공간이라면, 스스로 멀찍이 물러앉은 암자는 눈빛 형형한 스님들의 수도와 정진의 공간. 거기서는 화려한 꾸밈이나 운치보다는 정갈하고 담백한 기운을 느껴볼 일이다.

남녘의 땅끝, 두륜산과 달마산의 암자를 찾아가는 길에서 만나는 가을 풍경은 다른 곳과는 사뭇 달랐다. 동백나무와 난대림의 반질반질한 이파리가 가을볕에 반짝이는 사이 단풍이 물들고 또 떨어진다. 낙엽 다 떨궈 시린 나무들만 서 있는 산길에도 푸른빛이 성성한 신우대가 무리지어 우거져 있다. 가을이 다 지나간 뒤에도, 겨울이 당도한 이후에도 이쪽의 숲은 여전히 초록빛이다. 같은 초록이되 이즈음의 초록빛은 다른 계절의 것과는 다르다. 초록의 색감이 차갑고 또 맑다.

두륜산의 산길을 따라
암자를 둘러보는 길

두륜산의 암자를 돌아본다면 대흥사에서 산길을 따라 남암과 진불암을 거쳐 두륜봉에 올랐다가 만일암터를 지나서 북미륵암으로 건너가는 코스를 추천한다. 관음암과 진불암을 거쳐 두륜봉까지 산길을 타고 오른 뒤에 산허리를 따라 능선을 건너가는 길이다. 마지막 단풍으로 물든 이 길에는 곳곳에 비밀처럼 암자가 숨어 있다. 두륜봉은 마당 가득 침묵이 이를 데 없는 관음암과

두륜산 암자 가는 길

남암을 거쳐 진불암 쪽에서 오르는데, 정상 바로 아래에는 구름다리가 있다. 사람의 손으로 다리를 매놓은 게 아니라 자연의 바위가 이쪽과 저쪽을 잇고 있다.

두륜봉 아래 암자 중에서 발길을 오래 붙잡는 곳이 옛 만일암 터다. 두륜산에서 가장 높은 봉우리인 가련봉 아래 자리 잡았던 만일암은 한때 두륜산 불법의 중심이었다. 산 아래 큰 절인 대흥사의 시작도 바로 이 암자였다. 지금은 다 허물어져 덩그러니 빈터만 남아 있지만 만일암은 여전히 산내 암자의 중심이다. 북미륵암과 남암의 이름에 쓰인 '남'과 '북'의 방위도 다 만일암을 기준으로 했다. 만일암의 북쪽이라 북미륵암이고, 남쪽이라 남암이라 했는데, 그 이름이 지금까지 전해오고 있다. '사라진 것'이 '있는 것'의 중심이 되고 있는 셈이다.

만일암의 빈터는 텅 비어진 공간으로 오히려 충만하다. 암자 자리에는 본래 7층이었으나 지금은 5층만 남아 있는 석탑이 대숲을 두르고 서 있다. 날렵하고 훤칠하게 솟은 석탑은 그 너머의 가련봉 암봉을 지붕으로 삼고 있다. 석탑 아래쪽에는 마른 가지로 활개를 치고 있는 느티나무 한 그루가 있다. 나무도 수도를 하는 것일까. 산 아래 마을의 느티나무처럼 풍성하고 화려하지 않고, 성마르고 단단하다. 이름하여 '천년수'인데 실제 나이는 1000년에다 200년쯤을 더했다.

만일암을 거쳐 당도하는 북미륵암에서는 마애여래좌상이 압권이다. 용화전 안에 모셔진 불상은 높이만 4.85m에 달해 규모에서도 보는 이를 압도하는 데다, 단단한 화강석을 마치 무른 비누처럼 깎아낸 솜씨가 혀를 내두르게 한다. 봉긋 솟아오른 눈두덩이며 형형한 빛을 뿜는 눈, 부드러운 선을 가진 여래상의 얼굴은 도무지 1000년 전에 돌로 깎은 것이라 믿어지지 않을 정도다. 또 한 곳, 두륜봉 들머리 쪽의 관음암은 해질 무렵 두륜산 암봉 위로 솟는 탐스러운 달을 만날 수 있는 자리다. 가을 즈음이면 해질 무렵에 관음암 마당에서 가련봉과 두륜봉 사이로 둥실 떠오르는 달을 만날 수 있다. 암자의 이름을 '관음(觀音)'이 아닌 '관월(觀月)'로 쓰는 게 더 어울릴 듯하다.

죽음 끝에 세운 암자와
하늘 끝에 세운 암자

말갛게 바람에 씻긴 절. 단청이 지워진 미황사 대웅전의 모습이 그렇다. 절집 뒤 달마산의 화려한 암봉과 대비되기 때문일까. 갓 세수한 듯 수수하고 정갈한 모습의 대웅전 자태가 인상적이다. 본디 미황사는 좀 헐거운 느낌이었다. 건물도 몇 채 없이 대웅전이 덩그러니 앉아 있는 모습이 그랬다. '어딘가 빈 듯한 느낌'이 주는 미감은 수수한 대웅전과 썩 잘 어울렸다.

그런데 해가 갈수록 절집 안에 건물이 빼곡해졌다. 10여 년 동안 중창불사가 계속되면서 승방과 선원, 수련원, 요사채, 누각이 세워졌다. 천왕문도 한창 짓고 있는 중이다. 천만다행인 것은 새로 놓인 건물들도 뽐내지 않고 반듯해서 절집의 옛 정취를 크게 해하지 않는다는 점이다. 헐거웠던 공간이 좀 더 단단해지면서 나름의 아름다움을 빚어내고 있는 것이다.

달마산 도솔암

미황사가 품고 있는 암자는 부도암 단 하나다. 불붙은 화관 같은 달마산 암봉을 두르고 있는 절집이 거느린 암자가 하나뿐이라니 어쩐지 좀 서운하기도 하다. 부도암은 이름 그대로 부도밭을 거느리고 있는 암자다. 탑이 부처의 사리를 모셨다면, 부도는 고승의 사리를 담은 자리. 다 버리고 떠나는 죽음의 공간을 넘어가면 거기 피안의 세상이 있으니, 부도암이 죽음의 끝과 피안의 처음에 서 있는 셈이다.

부도전 곁에 세워진 부도는 놓아둔 그대로 조형예술품이다. 문양 하나하나가 빼어난 그림 같아서 찬찬히 둘러보면 시간 가는 줄 모른다. 서산대사의 제자였던 고승들의 부도탑에는 게와 물고기, 거북이 등의 조각이 새겨져 있다. 미황사 대웅전 기둥 돌 받침에 돋을새김된 게, 거북이와 쌍을 이룬다. 다 두고 빈손으로 돌아간 고승의 자취에다 위엄 있는 조각 대신 왜 슬며시 미소를 머금게 하는 게와 거북이를 쪼아두었을까. 이유는 미황사의 창건설화 때문이다. 인도에서 화엄경과 불상을 실은 배가 달마산 아래 포구에 닿았고, 이런 연유로 미황사가 지어졌단다. 그래서 부도에도 위엄으로 치장한 용이 아닌 게와 거북이 새겨진 것이다. 이런 소박한 조각에서는 권위로 제압해 사람들을 물러서게 하는 엄격함보다 미소로 다가오게 하는 따스한 힘이 느껴진다.

달마산에는 우리 땅의 암자를 통틀어 가장 극적인 자리에 세워진 암자 도솔암이 있다. 암자 아래 미황사가 있지만, 도솔암은 뜻밖에 두륜산 대흥사의 암자다. 도솔봉까지 차로 올라서 20분쯤 공룡의 등줄기 같은 암봉 능선을 따라가면 거기 도솔암이 있다. 도솔암은 드는 길부터가 예사롭지 않다. 왼쪽으

달마산의 힘찬 암봉

로는 진도 앞바다를, 오른쪽으로는 완도의 바다를 끼고 있는 이 길에 접어들면 마치 하늘을 딛고 걷는 듯하다. 거친 벼랑의 봉우리 끝에다가 어찌 이런 암자를 세웠을까. 아슬아슬한 암봉을 축대로 막아 그 자리에 전각을 세우고 손바닥만 한 마당을 뒀다.

이른 아침 예불을 끝낸 스님이 암자 마당 한쪽에 쌀 반 줌을 놓아두자 이내 박새 한 마리가 날아들었다. 세상과 멀리 떨어진 산정의 암자와 거기 기거하는 스님, 그 스님으로부터 보시를 받는 새 한 마리가 마치 동화 속 한 장면 같은 풍경을 빚어냈다.

해남 천일관 한정식

해남 녹우당

가는 길

POINT 도솔봉 약수터 쪽에서 포장도로를 따라 도솔봉 정상쯤까지 차로 오를 수 있다. 여기서 도솔암까지는 20분 남짓이면 충분하다. 대흥사에서 미황사까지는 차로 40분 정도 걸린다.

서해안고속도로 → 목포 톨게이트 → 죽림분기점 → 서 영암 나들목 방면 → 2번 국도 → 남해고속도로 진입 → 강진무위사 나들목 → 남성전 삼거리에서 우회전 → 월산 교차로에서 진도 · 완도 · 해남 방면 → 평동 교차로 → 해남 · 대흥사 방면으로 좌회전 → 대흥사

여섯 번째 코스

원시림 속에 꼭꼭 숨어있는, 고병계곡

"높은 산과 직벽의 바위들이 병풍처럼 계곡을 둘러치고 있다고 해서 이름 붙여진 고병계곡은 트레킹에 제격입니다. 숲이 하늘을 가린 계곡에서 햇살은 초록빛으로 반짝입니다. 넘어진 아름드리 나무들이 푸른 이끼를 뒤덮은 채 길을 막아섭니다. 계곡 안쪽에 비밀처럼 숨겨져 있는 폭포들은 청량한 물소리를 내며 흘러갑니다. 폭포 아래 숲 그림자 드리운 서늘한 진초록 소(沼)의 정취도 훌륭합니다.
이곳에서의 트레킹은 굳이 속도를 낼 일이 아닙니다. 계곡을 따라 내려가는 트레킹 코스는 3㎞ 남짓. 서두르자면 1시간에 다 걷는 길이지만, 계곡을 따라 걷다 숲 그늘 아래서 다리 쉼을 하며 물소리를 듣거나, 폭포 물도 맞아가면서 되도록 느릿느릿 걷는 게 제격입니다. 계곡을 따라 첨벙첨벙 허벅지까지 적셔가며 즐기는 트레킹은, '박하사탕'과도 같은 맛입니다. 새소리와 물소리를 벗삼아 촉촉한 원시림의 계곡을 따라가며 숨을 깊이 들이쉬면 온몸의 혈관까지 알싸한 박하내음이 스미는 듯 합니다."

한치 고갯길을 넘어
고병계곡 가는 길

'한치 뒷산'. 가을 억새로 유명한 강원 정선군 명소 민둥산의 본래 이름이 이랬다. '한치(汗峙)'란 '땀(汗)나게 오르는 고개(峙)'란 뜻이다. 정선군 남면소재지에서 유평리 쪽으로 오르는 해발 700m 남짓의 고갯길을 이렇게 부른다. 지금은 말끔하게 포장이 된 왕복 2차선의 아스팔트 도로지만, 예전에는 트럭도 헐떡이며 넘던 험하디 험한 비포장 길이었다. 마을 주민들이 한치를 오르내리자면 땀깨나 흘렸을 것이다. 대부분 고개 이름은 산에서 따서 붙이는 법. 그런데 여기는 반대로 고개 이름이 먼저고 산 이름이 나중이었다. 그건 산보다 한치가 주민들의 삶에 더 가까이 있었기 때문이었을 것이다.

그러면 '한치 뒷산'이 왜 민둥산이란 이름으로 바뀌었을까. 예부터 한치 뒷산은 곤드레를 비롯해 갖가지 나물들이 지천으로 널려 있었다. 산나물은 척박

한 산촌마을 주민들에게 보릿고개를 넘기는 거의 유일한 먹거리였다. 산에 기대 살던 주민들은 나물이 더 잘 자라도록 일부러 산 이곳 저곳에다 불을 냈다. 그러다 보니 한치 뒷산은 나무 한 그루 없는 민둥산이 돼버렸고 나중에는 아예 '민둥산'이란 이름이 고유명사가 돼버린 것이다.

민둥산이 억새 명소로 이름나면서 발구덕마을이 있는 동쪽 사면 쪽에 부드러운 등산로가 놓였다. 발구덕마을에서는 산행 거리도 짧고 길도 부드러워 민둥산을 유순한 산이라 생각하기 쉽다. 하지만 지억산과 이어진 민둥산의 서쪽은 사람의 손길이 닿지 않아 숲이 더없이 깊다. 울울창창 참나무와 소사나무, 잣나무들이 하늘을 찌를 듯 서있어 볕 한 줌 들지 않는 말 그대로 '원시림'이다. 민둥산을 얕잡아 보고 이쪽으로 오른 등산객들이 조난을 당하기 일쑤다. 우리가 찾아가는 고병계곡이 바로 그 깊은 원시림 속에 사람 손을 타지 않은 채 꼭꼭 숨겨져 있다.

원시림 속에 비밀처럼 숨은 폭포,
고병계곡

정선군 남면사무소에서 59번 국도를 따라 정선읍 쪽으로 1㎞쯤 달리면 우측으로 갈림길이 나온다. 이 길이 바로 한치를 넘는 길이다. 민둥산 서쪽 허리를 감아도는 이 길을 달리는 느낌이 참 독특하다. 길이 이어지는 모양새는 산자락을 끼고 도는 거친 임도인데, 달리는 길은 중앙선까지 그려진 아스팔트 도로다. 산중의 허리를 타고 벼랑을 끼고 이어지는 길이면서 도로 사정은 잘 정비된 국도를 방불케 할 정도로 편안하니, 드라이브의 즐거움이 각별하다.

한치를 넘어가다 왼편으로 '삼내약수' 이정표를 보고 좌회전하면 곧 고병계곡의 들머리다. 고병계곡의 물길은 삼내약수 앞을 흘러내린다. 계곡 트레킹이라면 계곡의 상류로 거슬러 올라가는 게 보통. 그러나 고병계곡의 상류는 길도 험하고 풍경도 별다른 게 없으니 상류에서 하류 쪽으로 트레킹 코스가 이어져 있다. 이미 해발 700m 남짓까지 차로 올라왔으니 물길을 따라 내려가는 길이 제법 길다. 석축으로 물길을 내놓은 고병계곡 초입에서는 좀 실망스러울지도 모르겠다. 하지만 계곡 아래로 내려서자마자 별천지를 만나게 된다. 짙은 이끼로 가득한 숲은 원시림에 가깝다. 물길 양쪽으로 병풍처럼 선 협곡의 바위틈에 위태롭게 뿌리를 내린 나무의 이파리들이 하늘을 가려 초록의 그늘을 드리우고 있다.

계곡에는 따로 길이 없다. 도저히 건널 방도가 없는 바위벼랑에 짧은 다리 하나, 직벽의 바위를 타고 내려서는 철계단 하나 말고는 길의 자취가 아예 없다. 계곡을 따라 내려가는 길은 온통 초록의 세상이다. 물가 쪽으로 쓰러진 몇 그루의 아름드리 나무가 온통 이끼로 뒤덮인 채 자주 길을 막아선다. 길 없는 계곡을 따라가며 나무둥치까지 타고 넘자니 발을 물에 담그지 않을 도리가 없다. 발목에서 무릎까지, 때로는 허벅지까지 적시면서 이리 저리 물을 건너가며 계곡을 따라 내려가야 한다. 이끼 낀 바위가 좀 미끄럽기는 하지만, 서두르지만 않는다면 길이 위험하거나 힘겹지는 않다.

고병계곡에서 최고의 경치를 빚어내는 곳이 할미폭포와 사다리폭포다. 짙은 숲 속에서 연이어 나타나는 두 개의 폭포인데 두 곳 모두 어둑한 진초록의 숲 속에 있어 비밀스러운 느낌으로 가득하다. 처음 만나는 할미폭포가 협곡

의 바위 사이로 수려한 풍광을 빚어낸다면, 그 아래쪽의 사다리폭포는 웅장한 바위를 타고 흘러내리는 물줄기가 제법 힘차다. 할미폭포가 여성적이라면, 사다리폭포는 남성적이라 할 수 있다. 폭포 아래서 숲 그늘에 들면 서늘한 기운에 오스스 소름이 돋을 정도다. 아무리 폭염의 날씨라도 계곡물에 뛰어들면 금세 입술이 새파래진 채 햇볕이 드는 자리를 찾을 게 틀림없다.

트레킹 코스는 3㎞ 남짓으로 그리 길지 않은 편. 59번 국도가 지나가는 유평교 아래서 조양강 물길에 합수하면서 계곡은 끝난다. 계곡의 풍경을 만끽하자면 되도록 느린 걸음으로 걷는 게 요령이다. 어차피 '주파'가 목적이 아니니 계곡 끝까지 내려섰다가 다시 물길을 되짚어 올라와도 좋고, 최고의 경치만 즐기겠다면 사다리폭포까지만 갔다가 되돌아올 수도 있다.

POINT 덕산기계곡은 남면사무소에서 정선읍 방면으로 향하다 월통휴게소를 끼고 여탄리 방면으로 우회전, 월통교를 건너 다시 우회전해서 여탄마을회관까지 간 후 우측 물길을 따라 올라가면 도착한다.

영동고속도로 만종 갈림목 → 중앙고속도로 → 재천 나들목 → 38번 국도 영월방면 → 정선군 남면 사거리 → 정선방면 59번 국도 → 한치 · 유평리 방면 우회전 → 삼내약수 · 약수암 방면 갈림길 → 삼내약수 방향 → 고병계곡

인생풍경 둘

위로

괜찮다고 위로해주는

풍경을 마주하다

일곱 번째 코스

봄 안개에 싸인, 몽환적인 함평뜰과 불갑산 신록

"남도 땅에서 봄이 그려 보이는 풍경 가운데 가장 매혹적인 것을 들라면 망설임 없이 '안개'와 '신록'을 꼽겠습니다. 봄날의 이른 아침, 남도의 들판과 산자락을 이불처럼 덮은 봄 안개는 아찔한 '몽환의 풍경'을 보여줍니다. 저마다 채도가 다른 연둣빛 이파리를 달고 반짝이는 신록의 숲이 보여주는 아름다움도 그 못지않습니다.

전남 함평을 찾아가면 그 둘을 다 볼 수 있습니다. 불갑산 능선에 서면 이른 새벽 봄 안개가 첩첩이 이어진 구릉 사이를 파도처럼 넘실거리다 함평 들판으로 흘러가는 모습과 만납니다. 막 떠오른 햇살을 받아 황금빛으로 반짝이는 안개가 마을과 들판 위로 번져가는 모습이 어찌나 아름답던지요. 불갑산의 서쪽 산허리를 감아 도는 임도에서는 활엽수들이 만들어내는 신록의 바다를 만났습니다. 부드럽게 굽이치는 U자형의 능선을 따라 펼쳐진 불갑산의 신록은 그 질감이며 채도가 으뜸이었습니다. 터덜터덜 그 길을 걷는 두어 시간 내내 '행복하다'는 느낌이 들었다고 한다면 그때의 감동이 전해지는지요."

봄 안개에 휘감긴
함평 들판이 보여주는 몽환의 풍경

봄날의 이른 새벽, 전남 함평 불갑산 연실봉 능선에 오르면 말 그대로 '몽환의 풍경'을 만날 수 있다. 봄이면 함평의 너른 들판은 새벽마다 온통 안개로 휘감긴다. 낮은 안개가 깔린 함평의 너른 들판 뒤로는 첩첩이 이어진 산자락의 그림자가 수묵화처럼 번지면서 정취를 보탠다. 새벽에 연실봉을 오르다 만난 산 아래 마을 주민이 "봄이면 열흘 중 여드레쯤은 이렇게 산 아래쪽에 안개가 넘실거린다"라고 했으니, 운이 아주 없다면 모를까 새벽에 불갑산에 오른다면 웬만해서는 안개로 가득한 함평 들판의 몽환적인 풍경을 만날 수 있는 셈이다.

봄 안개는 산 아래 함평 들판에 고여 출렁거리다가 햇살이 막 퍼지기 시작하면 이내 황금빛으로 물든다. 안개는 동네 어귀의 미루나무를 감고, 농가의 슬레이트 지붕을 덮고, 모내기를 준비하는 논둑을 지나서 이제 막 이삭이 팬 보리밭의 이랑 사이로 흘러간다. 아침 햇살이 비껴드는 저 아래 마을에서는 막 잠을 털어낸 순한 농부들이 한 해 농사를 시작하며 분주한 아침을 보내고 있으리라. 누구든 봄날의 아침에 이 자리에 서서 함평 들판을 굽어보게 된다면 '사람 사는 마을'이 빚어내는 풍경이 이렇듯 아름다울 수 있다는 것에 감격하게 될 것이 틀림없다.

전남 함평과 영광의 경계에 솟은 불갑산은 함평에서 가장 높은 산이지만, 해발 516m에 불과하다. 해발 1000m를 훌쩍 넘는 이름난 산과 비교한다면 그 크기며 위세가 어림도 없다. 그러나 높이란 상대적인 것. 불갑산은 함평의 들판에 우뚝 솟아, 더 낮은 산들을 거느리고 너른 들을 내려다보고 있다.

불갑산의 연실봉 능선은 일망무제의 시야를 선사하지만, 높이가 주는 위압은 없다. 능선 끝의 주봉인 연실봉에서도 그렇다. 까마득한 높이는 때로 그 아래 세상을 평면의 2차원으로 만들어버리기 십상이다. 하지만 딱 이 정도 높이의 시선에서는 손에 잡힐 듯 내려다보이는 봄날의 들판과 마을이 선명한 '입체'로 살아난다. 함평 들판의 푸근함을 선명하게 느낄 수 있는 자리. 딱

저공 비행쯤의 높이와 거리에서 함평 들판을 바라보는 최고의 자리가 불갑산 능선에 있다.

연초록의 신록을 즐기는 최고의 길

불갑산에 '밖을 보는' 즐거움만 있는 것은 아니다. 산에 들어 '안'을 바라보는 맛도 이에 못지않다. 연초록의 신록이 아름다운 게 불갑산뿐은 아니겠지만, 이 곳은 타원의 U자형으로 굽은 능선이 이어지기 때문인지 부드러운 산자락에 가득한 활엽수의 신록이 유독 아름답다. 물결처럼 굽이치는 능선에는 활엽수들이 저마다 다른 채도로 반짝이는 새 잎을 달고 온통 초록의 바다를 만들어내고 있다. 순하고 여린 잎들이 그려내는 연초록은 마치 도화지에 번진 수채화 물감의 색감처럼 서정적이다.

이런 불갑산의 신록을 가장 잘 볼 수 있는 길이 이 산의 서남쪽 허리쯤에 있다. 함평군 해보면 소재지에서 신광면으로 이어지는 도로를 타고 가다 금계저수지를 지나자마자 오른쪽으로 접어드는 비포장 임도가 바로 그 길이다.

금계리에서 용천사 입구로 이어지는 이 길이야말로 불갑산의 반짝이는 신록의 한복판을 가로지르는 가히 최고의 길이다.

능선마다 신록으로 물든 활엽수들은 물론이고 진초록의 우람한 삼나무까지 합세해, 고개를 돌리는 곳마다 수많은 초록의 조각 포를 이어 붙인 것 같은 숲들이 펼쳐진다. 신록의 숲 아래로는 현호색과 노랑괴불주머니, 제비꽃, 애기똥풀 같은 야생화들이 지천으로 피어났다. 길가에는 꽃이 진 민들레 꽃대의 홀씨들이 바람에 날리고 있다. 4㎞ 남짓한 이 길을 걷다 보면 마치 신록으로 샤워를 하는 듯하다. 몸은 몰론이고 마음까지도 초록으로 물들 것만 같다.

금계리 쪽 임도 부근은 개인사유지로 '생태조사를 위해 출입을 제한한다'는 팻말을 붙여놓긴 했지만, 휴양림 개발을 앞두고 무분별한 나물채취 등을 막기 위한 것이라니 그저 걷기 위한 목적이라면 무슨 문제가 될까 싶다. 그래도 출입제한 문구에 마음이 좀 쓰인다 싶으면, 거꾸로 용천사 쪽에서 출발해 금계리 쪽으로 방향을 잡는 것도 방법이다. 용천사 쪽에서 출발하면 임도 길을 얼추 다 걷고 나서야 출입제한 팻말을 만나게 되기 때문이다.

천년 고찰을 잇는
숲길을 따라 걷다

불갑산의 북쪽에는 전남 영광의 절집 불갑사가 깃들여 있고, 산 남쪽 함평 땅에는 용천사가 앉아있다. 불갑사와 용천사는 백제 때 우리 땅으로 건너와 불교를 전파한 인도의 승려 마라난타가 창건했다는, 이른바 '천년 고찰'이다.

인도에서 중국을 거쳐 불법을 들고 법성포에 당도했던 마라난타는 모악산 아래에다 '모든 불사(佛寺)의 시원이요 으뜸(甲)이 된다'는 뜻에서 '불갑(佛甲)'이란 이름을 붙인 절집을 지었다. 절집의 위세가 얼마나 당당했던지 뒤편의 산은 이름까지 '불갑산'이 됐고, 애초의 이름이었던 모악산은 불갑산에 딸린 자그마한 산자락의 이름으로 옮겨 앉게 됐을 정도였다. 마라난타는 이어 불갑산 너머에다 용천사를 지었다고 전한다.

불갑사와 용천사는 불갑산과 모악산을 잇는 능선의 낮은 목을 타고 넘는 고갯길 구수재로 이어져 있다. 순천의 송광사와 선암사를 잇는 '굴목이재'처럼 순하디 순한 이 길로 천년 고찰 두 절집의 스님들이 오고 갔을 터다. 1400여 년의 시간에 담긴 이야기들은 지금 자취도 없지만, 고갯길을 넘나들던 두 절집의 스님들이 함께 차를 나누거나 불법을 토론했으리란 것쯤이야 듣지 않아도 알 수 있는 일이다.

두 절집을 잇는 고갯길을 넘어가겠다면 용천사에서 출발해서 불갑사에 당도하는 코스를 택하는 편이 낫다. 용천사 대웅전 뒤편 오솔길에서 20분 남짓 비탈길을 올라 능선에 당도하면 이내 불갑사까지 길고 부드러운 길을 만나게 되기 때문이다. 신록의 숲 속에서 물소리와 새소리를 들으며 걷는 이 길은 산책하듯 다녀올 수 있다. 한껏 게으름을 피우며 다리 쉼을 하고 걷는다 해도 용천사에서 불갑사까지는 1시간 20분이면 넉넉하다.

진초록 신록이 수면 위에 선명하게 찍히다

함평의 저수지 중에서 가장 빼어난 경치를 품고 있는 곳은 두말할 것 없이 대동댐이다. 함평에는 대동저수지와 대동댐이 따로 있어 자칫 헷갈리기 쉽다. 대동저수지도 생태공원이 들어섰을 만큼 운치가 넘치지만, 생태경관 보전지역이자 상수원보호구역으로 지정된 대동댐의 손대지 않은 풍광에 비교하면 어림도 없다.

대동댐은 애초에 목포시 상수원으로 활용하기 위해 만들어졌다. 목포시가 새로운 상수원을 개발하면서 대동댐의 물은 함평 주민들에게 공급되고 있다. 함평 주민의 80%가 이 물을 먹고 있다. 상수원을 확보하기 위한 목적으로 지어진 댐이라 물가는 물론이고 일대 마을까지도 개발이 제한됐다. 게다가 인근 고산봉 일대가 붉은박쥐 서식지로 확인돼 생태경관 보전지역으로 지정되면서 댐 인근은 나무 한 그루도 함부로 베어내지 못하게 할 정도로 철저하게 생태를 보호하고 있다. 저수지가 무어 볼 게 있을까 싶겠지만, 신록이 고요하게 찍히는 물가에 찾아가 보면 생각이 달라지게 된다. 대동댐에서는 수달의 자맥질도 심심찮게 볼 수 있고, 맑은 물과 신록이 어우러지는 그림엽서 같은 풍경도 만날 수 있다.

상수원으로 사용되는 물이니 물 맑기야 더 말할 것이 없고, 주변에 조성된 습지에 이제 막 새 잎을 내고 있는 버드나무 군락도 운치가 넘친다. 농업용수로 사용할 물을 담고 있는 대부분의 저수지들이 모내기가 시작되면 일제히 가뒀던 물을 흘려 보내 물 빠진 황량한 모습을 보여주지만, 대동댐은 봄이 깊어갈수록 정취가 더해진다. 대동면 연암리에서 서호리를 지나서 전남 야구장까지 이어지는 도로를 따라가다 만나는 수암 공원의 철새 전망대가 대동댐의 정취를 가장 잘 볼 수 있는 자리다. 물 건너 원시림의 숲이 그려내는 연초록의 신록이 맑은 수면에 드리우는 모습을 만나는 것만으로도 그곳을 찾은 보람은 충분하다.

한 해에 한 번 따낸 찻잎으로
끓인 차 한잔

대동댐을 끼고 있는 서호리에서 산자락 아래로 난 외길을 따라가면 200년된 회화나무가 가지를 뒤틀며 서있는 호정마을이 있다. 마치 시간의 태엽을 되돌린 듯 오래 전 시골마을의 정취가 느껴지는 이 마을의 끝과 산자락이 맞붙은 곳에는 다원이 있다. 이름하여 '부루다원'이다. 산중의 계곡 사이에 들어선 차 밭은 보성이나 하동의 차 밭과는 사뭇 다르다.

보성의 차 밭이 똑같은 높이와 폭으로 가지를 잘라내 잘 정돈해 놓았다면 이곳의 차나무는 줄을 맞춰 심어져 있긴 하되 가지를 자연스레 내버려 두었다. 웃자란 가지를 쳐내기는 해도 '보기 좋게' 만드는 데 방점을 두기보다는, 차나무가 자라기 좋도록 놓아두는 것을 택했기 때문이다. 그래서일까, 이른바 기업형 차 밭에서는 느껴지지 않는 자연스러움이 느껴진다.

다원에서는 봄이면 한창 여린 찻잎을 따고 있다. 다른 지역의 차 밭들이 이른바 '우전'이란 첫물 차를 따낸 뒤에 곧이어 세작이니 중작이니 하는 찻잎을 따내지만, 이곳 부루다원에서는 1년에 단 한 차례만 차를 따낸다. 당장의 돈을 생각한다면 몇 번이고 찻잎을 따겠지만, 차나무를 자연 그대로 건강하게 키워내기 위한 배려 때문이다.

부루다원에는 보성이나 하동의 차 밭처럼 잘 꾸며놓은 다실이나 다른 편의시설이 전혀 없고, 다원의 주인도 그런 시설을 들일 생각이 전혀 없어 보인다. 그러나 새순을 낸 찻잎을 따고 그 찻잎을 정성껏 덖는 모습을 볼 수 있다. 다원에서는 외부인들에게 차를 팔거나 하지 않는다. 그러나 차 맛을 아는 이들이 찾아가면 기꺼이 손수 덖은 차를 내준다. 다원에서는 녹차와 청차, 황차와 떡차를 고루 만들어내는데, 그중 반 발효 차인 청차가 일품이다. 봄날의 새벽 안개와 신록으로 가득한 함평으로의 여정. 그 여정의 마지막을 옛 정취 가득한 시골마을 다원에서 갓 따내 덖은 햇차 한 잔으로 마무리한다면 더 보탤 것이 없겠다.

가는 길

POINT 함평 들녘에 가득한 안개를 보려면 불갑산 연실봉까지 올라야 한다. 용천사에서 용봉을 지나 연실봉까지 걸어 올라가야 한다. 안개는 일교차가 큰 봄이나 가을의 이른 아침에 피어난다.

호남고속도로 장성 톨게이트 → 가작교차로 정읍 · 장성 방면 좌회전 → 장성교차로 함평 방면 우측방향 → 24번 국도 → 신촌교차로 신광 방면 좌회전 → 용천사 입구 우회전

평창 팔석정

여덟 번째 코스

은밀하고 고요하게 유혹하는, 막동계곡

"콰르르 흘러내리는 수정 같은 물이 어찌나 차갑던지요. 물가에 앉아있는 것만으로도 반팔 소매 아래 팔뚝에 오스스 소름이 돋았습니다. 아니나 다를까. 폭포 아래 초록빛 소(沼)에서 물놀이를 하던 근육질의 청춘들도 금세 입술이 새파래져서는 물가에 나와 햇볕에 몸을 말리더군요. 달궈진 양철지붕 같은 열기도, 훅하고 끼치는 습도도 여기에는 없습니다. 콰르르 쏟아지는 청정한 물과 옷깃이 여며지는 서늘한 기운만이 있을 뿐입니다. 이곳에 있는 것만으로도 도시에서 늘어져 있던 온몸의 근육이 탱글탱글하게 당겨지는 것 같습니다. 막동계곡과 장전계곡은 깊고 서늘한 그늘과 굽이치는 계류가 빼어난 곳이고, 팔석정은 깊은 맛은 전혀 없지만 여덟 개의 바위에 붙여진 이름만으로도 풍류가 넘치는 곳입니다."

막동계곡

삼단폭포 아래 최고의 여름 명소,
막동계곡

삼단폭포가 그려내는 화려한 물줄기가 아니라면 막동계곡은 더 오래도록 꼭꼭 숨겨져 있었으리라. 오대산에서 발원해 흘러내리는 오대천의 물굽이를 따라가는 59번 국도. 영동고속도로 진부 쪽에서 정선 쪽으로 이어지는 길을 차로 달리다 보면, 백석산 자락의 협곡을 타고 내려와 오대천과 합류하는 폭포가 대번에 눈길을 붙잡는다. 이른바 삼단폭포다. 그 폭포를 만들어내는 것이 바로 막동계곡이다. 3㎞ 남짓 이어지는 계곡은 깊고, 깊은 산중을 흘러내리는 물은 맑고 차갑다. 숲 그늘은 또 얼마나 짙은가. '청류(淸流)'란 이름은 바로 이런 계곡물에 붙여져야 마땅하리라.

막동계곡에서 가장 명당이라면 삼단폭포 아래다. 폭포가 뿜어내는 바람과 물 안개로 폭포 아래는 서늘하다. 그 폭포 한쪽에 마을 주민들이 파라솔을

편 테이블 두 개를 가져다 놓았는데, 여기에다 짐을 풀 수만 있다면 여름휴가를 보내는 '최고의 자리'를 차지했다고 해도 무방하겠다. 자릿세는 한 푼도 내지 않아도 된다. 그저 얌전히 놀다가 쓰레기만 남기지 않는다면 주민들은 환영이다. 마을 주민들이 자그마한 야영장 입구에서 500원짜리 쓰레기봉투 두 장씩을 팔고 있지만, 내가 내놓은 쓰레기만 가져간다면야 사도 그만 안 사도 그만이다. 봉투를 파는 게 돈을 남기는 장사가 아닌 까닭이다.

폭포 위쪽에는 자그마한 캠핑장이 있다. 사유지라 텐트를 치면 자릿세를 받고 있지만, 통행에 불편만 주지 않는다면 여기에 텐트를 쳐도 돈을 받지 않는다. 비좁긴 해도 계곡을 따라 텐트를 칠 자리가 군데군데 있다. 계곡에 딸린 화장실이나 샤워실도 따로 돈을 받지 않는다. 피서객들이 찾아오면서 불편함이 왜 없을까만 주민들은 외지인들을 환대한다. 막동리 이장은 "그게 막동리의 인심"이라고 설명했다.

바닥이 훤히 비치는 맑은 소,
장전계곡

막동계곡이 오지로 남아있던 것은 어찌 보면 장전계곡 때문이기도 하다. 막동계곡과 장전계곡의 거리는 불과 300m 정도. 하지만 오대천과 만나는 하류가 그렇다는 것이지 계곡을 따라 오르면 계곡의 물길 방향은 전혀 다르다. 막동계곡은 백석산에서 발원하고, 장전계곡은 가리왕산에서 흘러내린다. 계곡의 규모면으로 보자면 막동계곡보다 장전계곡이 더 크다. 그러니 막동계곡이 뒷전으로 밀린 것은 어찌 보면 당연하다.

장전계곡은 몇 해 전만 해도 상류쪽의 이끼로 뒤덮인 '이끼계곡'이 명소로 꼽혔다. 온통 이끼로 뒤덮인 청량한 계곡은 사진가들을 비롯해 피서객들을 불러모았다. 그러나 잇단 수해와 사람들의 발길에 이끼계곡이 훼손되자 사람들의 출입이 뜸해졌다. 3~4년 전까지만 해도 여름휴가 때면 차량들로 북새통을 이뤘지만, 지금은 휴가철에도 피서객들의 발길이 뜸한 편이다. 마을 한쪽에 번듯한 캠핑장도 마련해 두었지만, 요금을 받는 이조차 없다. 마을 안쪽에서 성업을 이루던 민박집들마저 썰렁하다. 마을 주민들은 휴가철 외지사람들이 몰려들 때를 한 때의 추억으로 간직하고 있었다. 이런 청정하고 서늘한 계곡에 피서객들이 몰리지 않는다는 것은 좀처럼 믿기지 않는 일이다.

장전계곡에 들어서면 눈이 먼저 호사한다. 어찌나 계곡물이 맑은지 고인 소마다 푸른 빛으로 투명하게 빛난다. 장마 때 그득 물을 품은 계곡의 물살은 제법 힘차다. 계곡 아래는 물이 뿜어내는 찬 기운만으로 서늘하다. 계곡물에 발을 담그자 찬 기운에 금세 발가락이 오그라든다. 어느 정도의 더위로는 몸을 담글 엄두조차 내기 어려울 정도다. 굳이 상류로 올라갈 것도 없이 하류쪽에도 바닥이 훤히 들여다보이는 맑은 소들이 그득하다. 곳곳에 반석이 있어 물놀이를 하기에 더없이 좋다.

계곡 입구에서 3㎞쯤 가면 왼쪽 대궐 터 계곡길과 오른쪽 암자동 계곡길로 나뉜다. 대궐 터란 이름은 옛날 맥국의 가리왕이 예국의 공격을 피해 그곳에 대궐을 지었다는 전설이 내려오는 곳이라 지어졌다. 이끼계곡이 그 자락에 있다. 피서를 하겠다면 대궐 터 쪽보다는 오른편 암자동 계곡 쪽이 더 낫다. 계곡의 규모는 작지만 제법 번듯한 캠핑장도 갖추고 있는데다 군데군데

장전계곡

물놀이를 할 수 있는 그만그만한 소들이 깔려있다. 온 가족이 계곡물에 발을 담그고, 수박 한쪽 깨먹기에 딱 좋다.

풍류 넘치는 물가에서 보물 찾듯 글귀를 찾다, 팔석정

막동계곡과 장전계곡이 짙은 숲을 품어 자연미 넘치는 곳이라면, 평창의 팔석정은 그윽한 옛사람들의 풍류를 마주할 수 있는 곳이다. 팔석정은 봉평면 평촌리 앞들에 흘러내리는 흥정천에 자리 잡은 명승지다. 논을 따라 이어지는 평범한 물길이 솔숲 울창한 바위를 만나 굽어 치는 곳인데, 여덟 개의 큰 바위가 있다고 해서 '팔석정(八石亭)'이란 이름이 붙여졌다. 그렇다고 바위가 여덟 개만 있는 것은 물론 아니다. 물길이 굽어 치는 곳에 뒹구는 기암들이 수를 헤아릴 수 없을 정도로 많다.

학문과 시서를 논하고 취흥에 젖었던 곳이니 그 풍류야 말해 무엇할까. 정자는 자취도 없고, 도로가 나고, 바위가 흘러내려 계곡이 좁아지면서 예전의 풍류를 잃었다고 하지만, 앞 뒤 풍경을 잘라버리고 이곳 팔석정의 풍경만 본다면 이만한 자리가 없겠다 싶다. 여기서 물놀이를 하면서 마치 보물 찾기를 하듯 양사언이 썼다는 바위의 글씨를 찾아보는 것도 재미있겠다. 바위에 새긴 여덟 개의 글씨 중에서 '방장'과 '석구도기'는 홍수 때 유실됐고, '석평위기'가 새겨진 바위는 거꾸로 엎어져 있어 찾을 수 없지만, 나머지 다섯 개의 글귀는 아직도 읽을 수 있을 정도로 선명하다. 팔석정을 건너는 다리 너머로 최근 평창군에서 조성한 효석문학 100리 길의 제1구간이 지난다. 전체

100리 길의 도보코스 중에서 팔석정 건너편 이쪽 제1구간이 가장 빼어나다니 따로 시간을 내서 걸어봄 직하다. 물길에 딱 붙어 이어지던 하늘을 가린 어둑한 숲길은 금세 끝이 나지만, 물소리를 들으며 청량한 솔숲을 걷는 맛이 각별하다.

가는 길

POINT 막동계곡은 한여름 피서객들이 밀려들 때 말고는 인적이 드물다. 여름철 피서지로 제격이지만, 물놀이가 아니라 드라이브 겸 찾아가 경치를 즐기기에도 좋다. 가을 단풍들 무렵의 경관도 녹음의 한여름 못지않다.

영동고속도로 진부 톨게이트 → 오대교 사거리 우회전 → 화진부교차로 좌회전 → 59번 국도 → 오대천 레저캠프 → 막동계곡 → 장전계곡

영동고속도로 평창 톨게이트 → 봉평 · 국립평창청소년수련원 방면으로 우회전 → 동성1급자동차 봉평 정비공장 앞 좌회전 → 팔석정

아홉 번째 코스

무협지 배경 같은 폭포가 숨어있는, 영남 알프스

“누가 처음 그렇게 불렀는지는 모르겠습니다. ‘영남 알프스’. 해발 1000m를 오르내리는 영남 내륙의 산 무리들을 흔히 영남 알프스라고들 합니다. 여기 산들이 알프스와 똑같아서 하는 말은 아닙니다. 아니 오히려 알프스와는 다른 점이 열 배, 스무 배쯤 있습니다. 그럼에도 이쪽 긴 능선의 고산 준봉들을 그저 하나하나의 산 이름으로 부르고 만다는 건, 아무래도 좀 억울한 일이겠다 싶었습니다. 고개를 돌리는 곳마다 거대한 산군(山群)들이 물결치면서 첩첩이 겹쳐지고, 산정(山頂)에 난데없는 거대한 억새 평원이 펼쳐지며, 협곡 사이로 까마득한 폭포가 명주실 타래처럼 쏟아지는 풍경을 보면서 ‘알프스라는 이름이 이래서 붙여졌겠다’라고 고개를 끄덕였습니다.”

육룡폭포

케이블카 타고
'산의 안쪽'으로 단숨에 오르다

경남 밀양시 산내면. 산내(山內)라 함은 '산의 안쪽'을 말함일 텐데, 그건 밀양 시내에서 언양 쪽으로 이어지는 24번 국도를 따라 달리다 보면 따로 설명하지 않아도 알 수 있다. 사방팔방이 그야말로 중중첩첩(重重疊疊)의 산들이다. 치솟은 산과 산의 틈으로 국도가 흘러간다. 산내면 일대는 가을 무렵이면 온통 붉게 익어가는 사과 밭으로 가득하다. 어찌나 사과나무들이 많은지 열어놓은 차창으로 달큰한 사과 향기가 밀려 들어온다. 인근의 단장면 일대는 주렁주렁 열린 파란 대추들이 한가득이다.

밀양의 얼음골을 찾아 나서는 길. 얼음골을 찾아가는 이유는 '얼음골 케이블카'를 타기 위해서다. 얼음골에서 재약산 사자봉 쪽 능선을 잇는 '얼음골 케이블카'가 운행 중이다. 케이블카 설치는 14년 전부터 추진돼 온 사업. 그러나 환경 훼손 여부를 놓고 갈등이 빚어지면서 착공이 늦춰지다가 지난 2010년 4월에야 공사가 시작돼 2012년 완공했다. 밀양시 산내면 삼양리 구연마을에서 진참골 계곡까지 연결된 케이블카는 1.75㎞로 국내 최장이다. 얼음골 케이블카를 타는 목적은 해발 1020m 고지까지 몸을 올려놓는 데 있다. 케이블카 운영업체가 듣는다면 섭섭하게 생각할지도 모르겠지만, 사실 케이블카 안에서 바라보는 풍경의 감흥은 그다 특별할 게 없다. 설악산 권금성 케이블카처럼 주위에 우람한 암봉이 펼쳐진 것도 아니고, 통영 미륵산의 케이블카처럼 한려수도의 바다가 내려다보이는 것도 아니다. 케이블카가 닿는 상류 정류장 쪽의 능선도 밋밋하기 이를 데 없다. 케이블카 하부 탑승장 쪽에는 명소로 꼽히는 '호박소'가 있긴 하지만, 케이블카 안에서는 숲에 가려져 코빼기도 보이지 않는다. 케이블카를 타고 뒤를 돌아보면 바라다보이는, 흰 암봉으로 이마를 삼은 백운산(白雲山)의 풍경도 별다를 게 없다. 주민들은 케이블카 안에서 보면 백운산의 드러난 화강암이 '호랑이 형상'을 그려내고 있다고 자랑하는 모양인데, 그저 '그렇다니 좀 그래 보이는' 정도일 따름이다.

그러니 케이블카를 타는 목적은 거기에 타서 고도를 올려가며 경치를 보기 위한 것이 아니다. 얼음골 케이블카는 땀 한 방울 흘리지 않고 단번에 재약산의 거대한 능선 위에 올라설 수 있도록 해준다는 게 가장 큰 미덕이다. 그렇다고 그게 '시시하다'는 뜻은 절대로 아니다. 오히려 케이블카를 탄 보람은 그것만으로도 충분하다. 해발 1000m 능선으로 단숨에 올라서 마주하는 초가을 무렵의 '영남 알프스' 산군(山群)들이 더없이 아름다우니 말이다.

산과 산이 겹쳐진
영남 알프스의 장쾌함

케이블카의 상부 종점은 능동산과 재약산 사자봉을 잇는 해발 1020m 능선에 있다. 능선에서는 사방이 산으로 둘러싸인 분지 지형의 산내면 일대가 한눈에 내려다보인다. 여기서 나무 덱을 딛고 오르면 곧 터널처럼 깊은 숲길을 만나게 되고, 제법 긴 능선길을 따라가면 낮은 키의 관목과 억새가 펼쳐진 평원이 나타난다. 평원에는 억새가 이제 막 피어나서 바다를 이루고 있다. 솜털 같은 꽃은 아직 피우지 않았지만, 바람에 억새가 몸을 누이며 나부끼는 모습은 장관이다.

사자봉은 바로 아래 사자 형상을 한 바위가 있다고 해서 붙여진 이름이다. 그 바위를 딛고 올라서보면 왜 이 일대의 산들을 '영남 알프스'라고 부르는지, 그리고 왜 재약산을 영남 알프스의 중심이라 부르는지 비로소 실감이 된다. 뒤쪽으로 가지산과 능동산, 백운산, 운문산, 억산이 우뚝 솟아있고, 전면으로는 270도로 시야가 펼쳐진다. 그 시선 안으로 중중첩첩의 산이 그려내는 선들이 끝도 없다. 고헌산, 간월산, 신불산, 취서산, 시산 등 해발 1000m를 오르내리는 산들이 마치 둥글게 친 병풍과도 같이 서있다. 이런 압도적인 전경은 한 장의 사진으로는 어림도 없고, 영상으로도 담아낼 도리가 없다. 가히 명당 중의 명당이다.

무협지 배경 같은
절경폭포를 만나다

점입가경. 억새평원은 사자봉을 넘어가면 더 광활해진다. 사자봉과 수미봉을 잇는 낮은 목의 평원은 온통 억새들로 가득하다. 이른바 '사자평'이라 이름 붙은 너른 평원이다. 사자평 한쪽에는 산을 타고 넘는 구름이 내려놓은 습기로 만들어진 거대한 습지도 형성돼 있다. 굵은 나무 없이 관목 숲과 너른 평원이 어우러진 사자평은 1980년대쯤 들어섰던 목장의 흔적이다. 당시에 산과 산을 잇는 해발 800m 남짓 고원 일대의 나무를 베어내곤 목장의 초지를 조성했다. 눈이 쌓이는 겨울이면 스키장으로 썼을 정도라니 평원의 크기를 짐작할 만하다. 애초에 이쪽 산지에 '영남 알프스'란 이름이 붙여진 것도 아마 산정에 펼쳐진 너른 초지의 목장과 풀을 뜯는 소의 이국적인 모습 때문이었을 것이다. 목장이 다 문을 닫은 지금은 관목과 소나무들이 뿌리를 내리면서 평원의 면적이 많이 줄어들긴 했지만, 아직도 억새군락은 제법 광활하다.

재약산의 아름다움은 보통 세 가지로 나뉘어 불린다. 그 하나가 사자봉 동남쪽 기슭의 사자평 고원지대 너른 초지의 아름다움을 뜻하는 '사자광평'이다. 산 동쪽은 울창한 수림과 기암절벽이 흘러내려 '옥류동천'이라고 부른다. 산의 서쪽은 금강폭포와 금강대 등이 펼쳐지는 '금강동천'이다. 이 중 최고 경관을 꼽으라고 한다면 단연 층층폭포와 흑룡폭포로 대표되는 산 동쪽의 옥류동천이다. 옥류동천에서 최고의 풍경이라면 두 개의 폭포다. 수미봉에서 고사리 분교 터를 거쳐서 표충사로 내려서는 제법 긴 내림길을 택하면 옥류

층층폭포

동천을 다 볼 수 있다.

첫 번째로 만나는 폭포는 층층폭포다. 까마득한 폭포 두 개가 연이어 떨어지는데 그 거대한 규모와 힘찬 물줄기에 입이 딱 벌어진다. 위쪽의 폭포가 떨어지는 자리에 현수교가 놓여 있는데, 아래쪽의 폭포는 발 밑으로 떨어지는 물줄기를 위에서 내려다볼 수밖에 없다. 폭포가 워낙 크니 도저히 한 번에 두 개의 폭포를 다 볼 수 있는 자리가 없다.

두 번째로 만나는 폭포는 흑룡폭포다. 이 폭포는 아래로 내려설 수 없고, 등산로에서 난간 너머로 멀찌감치 내려다볼 수밖에 없다. 명주실 타래를 풀어놓은 듯 물줄기가 까마득한 높이에서 떨어져 내린다. 폭포 하나가 떨어져 깊은 소(沼)를 만들고, 그 소에서 넘친 물줄기가 또다시 폭포가 돼서 콰르르 쏟아지는 모습은 마치 중국 무협영화 배경에 나오는 절경을 연상케 한다. 폭포 위쪽으로는 거친 암봉이 그 풍경에 가세한다. 어디 이 두 곳의 폭포뿐일까. 산자락을 타고 이곳 저곳에서 이름도 없는 폭포가 만들어져 물줄기로 떨어지는데, 마침 밀려온 구름이 산허리를 휘감으니 '선계(仙界)'가 따로 없다. 굽이를 돌 때마다 주위를 둘러싼 나무들이 관목에서 소나무로, 때로는 울창한 활엽수림으로 바뀐다. 산길도 초지에서 돌바닥으로, 다시 푹신한 흙바닥으로 바뀌니 두세 시간 남짓의 짧지 않은 하산길이 전혀 지루하지 않다.

밀양 표충사

가는 길

POINT 영남 알프스를 가장 쉽게 오르는 방법은 밀양의 영남 알프스 얼음골 케이블카를 이용하는 것이다. 그러나 기상악화로 케이블카를 운행하지 않는 경우가 종종 있다. 미리 ARS전화(055-359-3000)로 운행 여부를 확인하고 가는 것이 좋겠다.

경부고속도로 동대구 갈림목 → 대구 · 부산간고속도로 밀양 톨게이트 → 울산 · 언양 방면 우회전 → 24번 국도 → 얼음골 교차로에서 좌회전 → 영남 알프스 케이블카 매표소

보성 강골마을 한복판에 있는 전통 정원과 그 한가운데 세운 정자 열화정

열 번째 코스

기이하고, 독창적이고, 변화무쌍한 보성 오봉산

"모름지기 경관의 아름다움에는 '균형'이 있습니다. 사람이 만든 것은 물론이거니와 자연에서도 대체로 '정렬'과 '흐름'이 느껴집니다. 그런데 여기만큼은 얘기가 다릅니다. 비명처럼 제멋대로 치솟은 비대칭의 거대한 바위군(群). 그 아래로 너럭바위가 뒹구는 움푹 꺼진 어두운 동굴이 입을 딱 벌리고 있습니다. 어떤 바위는 시퍼런 창 끝처럼 날카롭고, 어떤 건 둥글고 부드럽습니다. 이것만으로도 입이 벌어지는데, 이런 풍경이 변화무쌍하기까지 합니다. 몇 발짝만 옆으로 움직이면 야수의 이빨 같은 시퍼런 날이 순식간에 무딘 모루처럼 바뀌고, 부드러운 바위가 돌연 각을 세우고 지느러미처럼 펼쳐집니다. 앞으로 다가선대도, 뒤로 물러난대도 경관의 전모를 가늠할 수 없습니다. 아무런 규칙이나 균형이 없는, 길들여지지 않은 짐승 같은 입체적인 풍경이 어찌나 독창적이던지! 비슷한 풍경을 어디서도 본 기억이 없는 이곳이 전남 보성군 득량면 오봉산입니다."

오봉산 칼바위

차 밭을 지우고
보성으로 가다

전남 보성. 구릉을 따라 이어진 조형적인 차 밭으로 이름난 여행지다. 보성의 차 밭은 관광객들에게 그저 풍경으로만 소비된다. 도시마다 카페들이 우후죽순 번성하는 이른바 '커피의 시대'에 차의 그윽한 맛과 향은 진작 잊히고 말았다. 차의 향과 맛이 다 지워진 차 밭은 그저 구릉을 부드러운 곡선으로 잇는 초록 이랑의 아름다움으로만 남아 있다. 보성의 차 밭은 이제 입장료를 내고 들어가 기념사진만 찍는 여행지가 됐다. 차 밭의 경관에 감탄한 이들은 있어도, 차 맛에 감탄하는 사람은 없다. 경관에만 마음을 뺏길 뿐, 아무도 차 맛 따위에는 관심이 없다. 그러니 다원들이 차 생산보다는 1인당 3000원의 입장료를 받아 챙기는 데 더 열심인 건 어쩌면 당연한 일인지도 모른다.

그럼에도 보성을 찾는 여행자들은 대개가 '차 밭'을 목적지로 삼는다. 남도 보성 땅에 어디 차 밭만 있을까만, 차 밭의 명성이 워낙 압도적이어서 다른 것들을 죄다 가리고 만다. 그러니 보성을 제대로 보겠다면 차 밭을 버려야 한다. 아무래도 아쉽다면 보성읍에서 율포 쪽으로 넘어가는 봇재 정상쯤 자리 잡은 전망대에 차를 대고 차 밭을 보는 것 정도로 충분하다. 이쪽의 봇재 다원 차 밭은 다른 다원보다 훨씬 스케일이 큰 경관을 보여주지만 입장료를 거두는 손은 없다.

보성에서 차 밭을 지워 버린 뒤에 으뜸으로 손꼽을 명소가 바로 오봉산이다. 오봉산(五峯山)이 다섯 봉우리를 가진 산임은 묻지 않아도 알 일. 처음에는 심드렁했다. 흔하디 흔한 이름도 그렇거니와 해발 220m라는 싱겁기 짝이 없는 높이도 시시했다. 먼 발치에서 바라본 산의 형세도 정상 부위의 노출 암봉이 좀 눈에 띌 뿐 그다지 특별한 게 없었다. 다만 득량만을 바짝 끼고 솟아 있어 거기 오르면 너른 간척지와 바다, 그 건너 고흥 땅을 바라볼 수 있으려니 했다.

그러나 산에 가까워질수록 범상찮은 기운이 느껴졌다. 해평 저수지의 푸른 물에 시선을 빼앗기다가 어느 결에 고개를 들어보니 우람한 석벽이 주위를 포위했다. 깊고 선 굵은 협곡과 산 어깨쯤에 늘어선 노출 암반들은 강원도의 깊고 깊은 산중을 닮았다. 남해안의 바닷가에 이런 풍경이 있다니. 길섶의 풀은 슬금슬금 아스팔트로 올라 붙어 덩굴을 뻗으며 경계를 지우고 있다. 그 아스팔트 끝에 오봉산의 비경 중 비경인 칼바위로 이어지는 길이 있다. 뒤에 다시 얘기하겠지만, 칼바위로 이어지는 길 끝에 진짜 날이 시퍼렇게 선 칼이 있다. 누구도 흉내 낼 수 없는 솜씨로, 자연이 돌을 벼려 세운 비범함으로 가득한 칼이 거기 있었다.

거암괴석의 무리가 만든 기이한 풍경

등산로 초입부터 칼바위까지는 1㎞가 채 못 된다. 30분쯤이면 족할 거란 생각은 오산이었다. 깨진 구들돌이 널린 산길은 오래 전 소달구지가 다니던 갈지 자의 모습 그대로 뉘어 있었지만 숨이 가쁠 정도로 가파르다. 이 정도 경사라면 어찌어찌 달구지를 끌고 오를 수는 있었겠지만, 돌짐을 싣고 내려오는 건 목숨을 건 모험이었을 것이다.

칼바위까지 오르는 길의 절반쯤 되는 지점에 바위가 포개지며 만들어진 이름 없는 굴이 하나 있다. 딱 한 사람이 앉아 있을 만한 크기의 굴 안쪽에서는 서늘한 냉기가 흘러나왔다. 굴 입구에 들어서자 순식간에 팔뚝에 오스스 소름이 돋았다. 땀이 식으면서 온몸에서는 하얀 김이 피어 올랐다. 굴속의 기온이 바깥보다 10도 이상 낮은 듯했다. 한낮의 땡볕이 쏟아지는 날에는 돌을 캐러 온 이들도 여기쯤에서 땀을 식혔을 것이다.

칼바위는 예고 없이 모습을 드러낸다. 가파른 오름길을 타고 오르다 수직의 바위벽이 난데없이 나타나 앞을 딱 가로막는데, 그게 바로 칼바위를 둘러싼 암봉의 무리다. 거암괴석의 무리를 바짝 다가가서 마주치니 도대체 전체적인 크기며 생김새가 짐작이 안 된다. 바위를 오른쪽으로 끼고 도니 마치 거대한 바위군에 포위된 형국이다. 정면에서 하늘을 찌를 듯 30m 높이로 솟아

오른 바위가 바로 칼바위다. 칼바위를 호위하는 암봉들의 위용도 못지않다. 보는 이를 압도하며 수직으로 일어선 바위에는 잡을 것도, 디딜 자리도 없으니 더 이상 오를 수 없다.

되돌아 나와 바위 왼쪽으로 돌면 일부러 뚫어낸 듯한 바위 터널이 있다. 터널을 통과하면 더 압도적인 광경을 만난다. 말 그대로 점입가경이다. 칼바위는 이름 그대로 시퍼렇게 날이 서 있고, 그 옆으로 지느러미 형상의 바위가 펼쳐져 있다. 칼바위의 수직벽 안쪽에는 마애불의 흔적이 희미하다. 햇살이 비껴 드는 오전 나절이면 그 형상이 또렷해진다는데 도저히 인간이 새겼을 거라고 생각하기 어려운 단애에 그려져 있다. 전해 오기로 원효대사라는 이도 있고 부처를 새긴 것이라는 이야기도 있다.

능선까지 더 오르면 지나온 칼바위 암봉군이 내려다보이는데, 그 경관이 사뭇 다르다. 지나온 바위와 내려다보는 바위가 똑같은 것이라고 생각되지 않을 정도다. 능선에서는 득량 앞바다가 일망무제로 펼쳐진다. 여기서 능선을 따라 용추폭포 쪽으로 하산하게 되는데, 그 길 끝에서 만나는 용추폭포가 또 '물건'이다. 협곡의 바위 사이로 여러 갈래의 실폭포가 한 타래로 묶여 쏟아지는데, 그 깊고 비밀스러운 느낌이 마치 무협지 속 배경을 방불케 한다.

득량에서 만나는
옛 마을과 오래된 풍경

오봉산 아래에는 너른 득량의 들판이 있다. '얻을 득(得)'에 '식량 량(糧)', 그 이름대로 일제강점기이던 1937년에 제방을 막아 이룬 논이 바다처럼 펼쳐진 곳이다. 방조제 끝의 바다에는 뜨거운 여름을 쉬고 이제 막 갯일을 시작한 아낙네들이 뻘배를 끌고 먼 갯벌까지 들어가 꼬막을 잡는 모습을 볼 수 있고, 뒤로 돌면 너른 논 뒤편 마을에 구름이 척척 내걸린 풍경을 만날 수 있는 곳이다.

득량만을 찾았다면 강골마을을 들르지 않을 수 없다. 고색창연한 한옥과 푸른 이끼로 어둑한 돌담, 쏴아 하는 소리를 내는 대숲의 바람과 수백 년을 자란 굵은 소나무를 두루 거느리고 있는 마을이다. 방조제가 놓이기 전에는 마을 앞까지 바다가 넘실거려 '강골(江谷)'이란 이름이 붙여졌다. 광주 이씨들의 집성촌인 강골마을은 400여 년에 걸친 시간의 흔적이 마을 곳곳에 오롯이 남아 있다. 고색창연한 한옥부터 시멘트 기와를 얹은 광복 전후의 집과 1970년대쯤 슬레이트로 지붕을 새로 얹은 집들이 서로 어우러져 있는 곳이다.

강골마을에서 가장 아름다운 공간은 바로 마을 뒤쪽의 어둑한 숲길 끝에서 만나는 정자 열화정이다. 뒤로는 대숲과 동백 숲을 배경으로 삼고, 앞으로는 아름드리 팽나무와 동백나무를 끼고 있는 ㄱ자형 연못을 두고 서 있다. 누정의 난간은 누구라도 오를 수 있다. 가장 황홀한 건 거기에서 앉아 듣는 빗소리다. 초록의 기운 사이로 부는 소슬한 가을바람 속에서 정자에 앉으면 저절로 시 한 수가 읊어질 법하다.

가는 길

POINT 내비게이션을 이용할 때는 해평 저수지를 입력한 후, 저수지를 오른쪽에 두고 이어진 길을 타고 들어가 저수지 제방 쪽 주차장에 차를 세우고 도새등 쪽 등산로를 이용하면 오봉산 능선을 길게 오를 수 있다. 또한 조금 더 들어가 길 끝의 주차장을 이용하면 칼바위로 바로 올라가는 코스도 있다. 칼바위에서 용추폭포까지는 2시간 남짓, 도새등에서는 이보다 1시간쯤 더 걸린다.

호남고속도로 익산분기점 → 익산 · 포항 간 고속도로 → 완주분기점 → 완주 · 순천 간 고속도로 → 동순천 나들목 → 순천 · 영암 간 고속도로 → 벌교 나들목 → 2번 국도 득량 방면 → 군두사거리 득량 · 충절사 방면 우회전 → 오봉리 → 해평교 지나 좌회전 → 가남마을 지나 우회전 → 해평저수지

열한 번째 코스

신이 사는 숲,
원주 성황림

"치악산 남대봉 동남쪽 입구에 '신이 사는 숲'이 있다고 했습니다. 마을 사람들이 대대로 모셔온 성황신이 깃들어 있는 음습하고 신비로운 숲이 있다고 했습니다. 길에서 만난 마을 사람들은 그 숲에 들면 '신령스러운 기운'이 절로 느껴진다고 입을 모았습니다. 그래서 숲에 들어서면 함부로 뛰지도, 큰소리로 말을 건네지도 않는다고 했습니다.
한여름에도 서늘한 숲을 찾아갑니다. 하늘을 가린 나무들로 대낮인데도 숲은 어둑어둑했습니다. 성황림에 진짜 신이 깃들어 있다고 믿지는 않았지만, 우뚝 선 '아버지 나무'인 전나무와 마주 보고 선 '어머니 나무'인 엄나무, 숲 끝머리에서 이리저리 가지를 뒤틀며 자라난 소나무들에게서 범상찮은 기운을 느꼈습니다. 적어도 이곳에서는, 나무가 '하나의 풍경'이 아니라 '살아있는 생명'으로 다가왔습니다.
이렇게 나무도 보고, 물 소리도 듣고, 향기도 맡으며 한적하게 걷는 게 숲길을 제대로 걷는 요령입니다. 산 능선에 바쁘게 올라타 정상을 밟겠다는 욕심을 버리고 난 뒤에야 숲의 모습과 소리, 향기가 온전히 느껴집니다. 산 아래 숲길을 여유 있게 산책하다 절집에서 시원한 물바가지를 들이켜고 느릿느릿 돌아오는 숲으로의 여행. 이런 여행은 욕심을 버릴 때 비로소 풍성해지는 법입니다."

서두르지 않고
천천히 걷는 법을 숲에서 배운다

숲은 멀리 있지 않다. 마음만 먹으면 언제든 가 닿을 수 있는 곳에 있다. 정작 '숲으로 가는 길'을 막아서는 것은, 물리적인 거리보다는 어떤 의무감이다. 대부분의 사람들은 정상에 오르겠다는 각오 없이는 좀처럼 산을 찾지 않는다. 이런 연유로 산 아래쪽의 울창한 숲은 '등산의 목적' 없이는 좀처럼 만날 수 없다. 등산의 목적으로 숲을 찾았다고 해도, 바삐 지나쳐야 하는 까닭에 숲 본연의 모습을 만나기는 어렵다. 이런 종류의 의무감이나 욕심을 버리고 숲에 들 때 비로소 숲은 '가까이 다가온다'.

치악산의 정상인 비로봉을 밟는 등산코스는 만만치 않다. 성남 매표소에서 주능선을 따라 비로봉에 올라 상원사로 하산하는 산행 길은 12시간이 넘는 코스다. 구룡사에서 출발해 비로봉을 밟는 가장 짧은 코스인 이른바 '사다리

병창' 코스도 산행시간만 6시간 30분쯤은 족히 잡아야 한다. 가파른 오르막이 이어지는 힘든 코스인 탓에 산행을 엄두내지 못하는 사람들은 치악산 숲에 발을 들이지 않고, 산을 찾은 등산객들도 정작 숲길을 바쁘게 지나치고 만다. 치악산 숲의 아름다움이 널리 알려지지 않은 것은 아마도 이 때문이지 싶다.

그러나 치악산 자락 숲의 아름다움은, 그것만으로도 충분히 찾아볼 만하다. 치악산으로 드는 숲 중에서는 북쪽 구룡사쪽으로 드는 부드러운 숲길이 백미다. 이 길에는 아름드리 황장목이 늘어서 있다. 황장목이란 흔히 금강소나무라고 부르는 토종 소나무. 껍질이 붉다고 해서 적송이라고도 불리고, 아름다운 자태 덕에 미인송이라고도 일컫는다. 치악산은 예로부터 '황장봉산'으로 불려왔다. 황장봉산이란 왕실에서 쓸 황장목을 길러내는 산이란 뜻인데, 이런 뜻을 알리기 위해 조선시대에 치악산 아래 바위에 '황장금표(黃腸禁標)'라는 글을 새겨놓고 민간의 벌채를 금했다. 황장금표는 전국 60여 곳에 세웠는데, 이곳 구룡사쪽으로 접어드는 길의 황장금표도 그중 하나다. 치악산 숲길 여행은 이 길을 따라가는 것에서 시작한다.

금강소나무 숲길을 따라오는
청아한 물소리

치악산의 황장금표는 국립공원 매표소를 지나자마자 왼편 경사면 숲에 살짝 숨어있다. 표를 끊고 걸음을 서두르다 보면 자칫 놓치기 쉽다. 황장금표 앞에 서서 주위를 둘러보면 주변에 솟아있는 붉은색 껍질의 금강소나무가 새삼스럽다. 황장금표가 세워질 당시만은 못하겠지만, 이 길에는 소나무가 하늘을 가려 지붕을 만든 숲길이 군데군데 이어진다. 치악산 황장목의 아름다움은 구룡교 건너 구룡사의 일주문격인 원통문에 이르러서 절정을 이룬다. 이쪽의 소나무 숲에는 저마다 다른 크기의 금강송들이 한데 어울려 서있다. 그만그만한 나무들이 줄지어 빼곡히 들어선 조림지의 숲과는 격이 다르다. 조림한 숲에서는 숲의 규모에 입이 벌어지지만, 찬찬히 들여다보면 금세 지루해지기 마련이다. 하지만 치악산의 금강송 숲에 들면 처음에는 무덤덤하다가, 저마다 크기가 다른 나무를 찬찬히 바라보면 바라볼수록 탄성이 나온다.

원통문의 숲길을 들어서 부도탑을 지나면 구룡사다. 절집 앞에는 수령 200년을 넘긴 잘 생긴 은행나무가 부챗살처럼 가지를 뻗고 있다. 구룡사를 지나서 몇 걸음이면 구룡폭포의 물소리를 만난다. 숲길을 걷는 내내 발목을 잡았던 물소리가 이곳에서 더 청아한 소리를 낸다. 크지는 않되 부드럽게 떨어지는 폭포 아래는 쪽빛의 물이 그득하다. 폭포 주변으로는 단풍나무들이 무성한데, 마치 작은 손바닥 같은 진초록의 잎을 활짝 펼쳐놓고 있다. 단풍이 빨갛게 물드는 가을에 붉게 물든 단풍과 어우러질 폭포의 풍경은 그저 상상만으로도 짜릿하다.

비밀스러운 그 숲에는
신이 깃들어 산다

치악산의 남쪽 자락에는 신림면이 있다. 신(神)이 사는 숲(林)이라고 해서 '신림(神林)'이다. 신림면 성남리 마을 초입에는 치악산에 삶을 기대고 살던 화전민들이 신이 산다고 믿어왔던 성황림이 있다. 이 숲은 일제시대이던 1940년에 '조선 보물 고적 명승 천연기념물'로 지정됐다가, 해방 후인 1962년에 천연기념물 93호로 다시 지정됐다. 성황림 숲은 지금 철제 울타리로 둘러쳐있고, 문은 사슬과 단단한 자물쇠로 잠겨있다. 과거에는 주민들이나 외지인들 모두 이 숲에 자유롭게 드나들었지만, 행락객들로 숲이 훼손되자 주민들은 1989년부터 아예 문을 닫아걸었다.

그 숲에 들어서려면 마음을 정갈하게 하는 것이 순서다. 마을 이장으로부터 건네 받은 열쇠를 자물쇠에 조심조심 끼어 넣고 철문을 열었다. 울울창창한 성황림의 숲은 서늘했다. 숲 한복판에는 성황당이 서있다. 성황당을 마주보고 오른편으로는 까마득히 둥치를 뻗어올린 전나무가, 왼편으로는 엄나무가 오색천을 휘감고 서있다. 성황당 주변은 흙이 돋우져 있어 마치 신을 위한 제단과도 같다. 환웅 무리 삼천을 이끌고 내려왔다는 신단수. 신화 속에서 '신의 세계'와 '인간의 세계'가 만나는 신단수가 바로 이런 곳이 아닐까.

'신이 사는 숲'의 열쇠를 받아 드는 법

성황림의 숲은 원래 아랫당 숲과 윗당 숲으로 이뤄져 있었다. 그러던 것이 아랫당 숲이 훼손되고, 윗당 숲의 일부만 살아남아 지금의 성황림으로 보존됐다. 이제 명맥은 끊기고 말았지만, 마을 주민들은 10여 년 전까지만 해도 매년 4월 8일과 9월 9일 성황당에 모여 제사를 지내왔다. 일제 시대 흉년으로 마을이 피폐해지면서 한해 제사를 걸렀더니, 몇 집의 소가 죽어나가고 온

갖 흉사가 끊이질 않아 서둘러 제사를 올린 일도 있었다고 했다. 마을 사람들의 이런 옛 이야기쯤이야 한낱 미신으로 치부할 수도 있겠지만, 이렇듯 아름다운 숲이 지켜진 것은 마을 사람들의 두려움과 경외심 때문이 아니었을까.

성황림 숲으로 드는 문의 자물쇠는 그저 볼거리만을 찾는 행락객들에게는 열리지 않는다. 찬찬히 숲을 바라볼 줄 아는 사람에게만 열쇠가 주어진다. 여럿이 모여 함께 찾아가면 열쇠를 얻을 확률이 더 높다. 성황림으로 드는 열쇠를 쥐고 있는 성남리의 김명진(44) 이장은 "마을 주민들이 성황 숲을 관리하고 있는데, 성황 숲을 알아보는 사람에게만 열쇠를 내어주고 있다"고 말했다. 어떤 여행도 마음을 내려놓는 휴식이 되지 않았다면 차분한 숲 여행으로 휴가를 떠나보는 것은 어떨까. 서둘지 말고 차분하게, 욕심은 버리고.

가는 길

POINT 성황림은 초록으로 샤워를 할 수 있는 곳이다. 여름의 녹음도 좋지만 가을의 수수한 단풍도 좋다.

영동고속도로 만종분기점 → 대구방면 중앙고속도로 → 신림 톨게이트 → 영월 · 주천 · 법흥사 방면 우회전 → 치악산국립공원 성남지구 방면 좌회전 → 성황림

열두 번째 코스

장쾌함을 만나다,
창녕 관룡사

"경남 창녕의 화왕산은 '불의 뫼(山)'입니다. 한 눈에도 '불의 기운'이 느껴집니다. 화왕(火旺)이라는 이름이 그렇거니와, 능선이 온통 바위로 이뤄져 있는 산세도 그렇습니다. 화산의 활동으로 이뤄진 산이라서 그럴까요. 험준한 바위로 이어져, 달구어진 능선에 살짝 스치기만 해도 데일 것 같은 느낌입니다.
'불의 뫼'를 오르는 들머리에 절집 관룡사가 있습니다. 이곳에서 용선대와 불상, 저 아래 마을이 함께 빚어내는 장쾌한 풍경 앞에 서면 한 줌도 안 되는 세상에 대한 자각과, 부질없이 얽매었던 밧줄을 끊어낼 수 있는 힘을 얻을지도 모를 일입니다. 꼭 불교신자가 아니라도 어떻습니까. 용선대의 불상 앞에서 광활하게 펼쳐지는 산 아래 풍경에 눈을 두거나, 불상 앞에 손을 모은 이들에게서 소박한 소망을 읽을 수 있다면. 여행길에서의 깨달음은 그 정도로도 충분하답니다."

화왕산의 관룡사에서 용을 보다

경남 창녕의 화왕산은 예부터 '불의 기운'이 강한 산이다. 화산 활동으로 이뤄졌다는 산의 태생이 그렇고, 뾰족뾰족한 암봉들이 또 그렇다. 그 산 중턱에는 절집 '관룡사'가 있다. 관룡사는 일주문 입구까지 편안하게 차로 들 수 있지만, 1㎞쯤 밖 주차장에 차를 대놓고 천천히 걸어 오르는 편이 더 낫다. 부드러운 오르막의 대숲 오솔길을 오르다 보면, 지금은 폐허가 됐지만 고려 때 승려 신돈이 태어났다고 전하는 옥천사 절터와 툭 불거진 눈과 주먹코 형상이 친근한 돌 장승을 만날 수 있기 때문이다. 그저 차를 타고 휭하니 올랐다가는 마주치지 못할 것들이다.

그렇게 차분차분 오르면 관룡사가 나타난다. 원효대사가 왕명으로 창건한 신라 8대 종찰 중의 하나였다지만, 대부분의 오랜 절집들이 그렇듯 지은 연대는 확실치 않다. '용을 보다'(觀龍)라는 절집의 이름은 원효대사가 이곳에서 제자와 더불어 백일기도를 마친 날에 화왕산 꼭대기의 연못 3곳에서 아홉마리 용이 구름을 타고 승천하는 것을 보고 지은 것이란다. 관룡사 범종각의 북은 나무로 깎은 기괴한 짐승이 받치고 서 있다. 사자 같기도 한 이 짐승은 바로 '불을 먹는다'는 해태다. 화왕산에서 뻗어 나오는 불의 기운을 삼켜, 절집을 지키려는 듯 자세가 제법 사납다. 붉은 해가 저편으로 사위어가는 저녁 예불 시간까지 절집에 머물며 북소리를 기다렸다. 이윽고 예불시간이 되자 해태가 지키고 선 범종각에서 시작된 북소리는 둥둥 가슴을 두드리며 빠르게 절집 뒷마당을 넘어 화왕산 능선을 따라 달려갔다.

관룡사에서는 약사전도 눈여겨봐야 한다. 절 집의 다른 건물보다 유독 누추해서 눈길을 끄는데, 몸체에 비해 지붕을 크게 얹은 것이 독특하다. 좌우로 길게 뻗은 지붕은 건물을 온통 뒤덮어 흐트러질 법하지만, 전체적으로 균형과 안정감이 느껴진다. 범종각에 들렀다가, 대웅전과 약사전을 둘러보면 다음 순서는 관룡사 돌확에 받아내는 물맛을 볼 차례다. 화왕산이 '불의 산'이라지만, 그 산줄기에서 뽑아낸 물맛만큼은 부드럽고 또 달다.

관룡사를 나서 명부전과 요사체 사이로 난 숲길을 따라 용선대로 향한다. 중생에게 고통의 바다를 건너게 해준다는 '반야용선'. 그 배로 오르는 길이다. 관룡사에서 용선대까지 거리는 약 600m로 대략 20분 거리. 이 쪽의 가파른 산길에는 소나무가 많다. 유독 밑동을 비틀고 서 있는 소나무 둥치는 갈데없이 똬리를 감고 있는 용의 형상이다. 반야용선은 용이 호위해준다는데, 그러고 보니 관룡사는 도처에 용이다.

왼쪽부터 시계방향으로 관룡사의 북, 석불, 약수

칠월 백중
대한불교조계종

정토로 건너가는 용선,
그 뱃전에 오르다

용선대는 화왕산 중턱에 불쑥 내민 바위다. 그렇게 돌로 지은 배는 '불의 산' 자락에서 뱃머리를 내밀고 있고, 그 뱃머리 앞에는 석불이 이끌고 있다. 석불 좌상의 높이는 1.8m, 좌대의 높이를 합치면 3m에 이른다. 누가 이렇듯 험하고 위태로운 바위 위에다 육중하고, 장엄한 불상을 새겨 올렸을까. 용선대 석불의 발 아래 난간에 기대서 수십길 아래로 겹겹이 어깨를 끼고 늘어선 산등성이와 사람들이 사는 마을을 내려다본다. 저 아래 세속 마을의 번잡스러움이 멀다. '높이'가 주는 성찰이다.

용선대 위에 올라서 아래를 내려다보는 풍경도 좋지만, 그보다 용선대에서 좀 떨어진 뒤쪽의 높은 바위에 올라 멀찌감치에서 용선대를 아래로 바라보는 풍경이 훨씬 더 좋다. 이쪽에서 내려보면 바위와 석불 그리고 그 앞에 손을 모은 사람들과 산아래 마을이 한 장의 그림 속에 다 들어온다. 그제서야 이른바 고통의 세상을 건너 극락의 세계로 향한다는 '반야용선'의 배 모양이 그려진다.

용선대가 바라뵈는 바위에 앉아 내려다보노라면 오가는 사람들이 용선대에 올라 석불 앞에서 두 손을 모으고 간절하게 고개를 숙인다. 무엇이 저토록 절실한지도, 그 소망이 어떤 것인지도 헤아릴 수 없지만 마음이 뭉클해진다. 그 앞에 손을 모은 사람이 누구든, 무엇을 빌고 있든, 반야용선에 올라 고통의 바다를 건넜으면 하는 바람이다. 아마 위태로운 용선대 바위에 석불을 올린 이는, 누군가 반대편 벼랑에서 용선대 쪽을 내려다볼 줄 알았으리라. 그래서 용선대의 석불과 그 앞에 몸을 낮춘 이들을 내려보는 사람들이 이렇듯 너그러워진 마음을 갖게 될 것을 짐작했으리라.

'손대지 않음'으로써 아름다운 우포늪의 풍경

화왕산이 '불의 산'으로 창녕의 진산이 된 데는 우포늪의 '물의 기운'이 한몫했지 싶다. 우포늪의 물의 기운을 누르기 위해 창녕 사람들은 화왕산을 진산으로 삼았을 것이기 때문이다. 보통 '우포늪'이라 하면 우포뿐만 아니라 목포, 사지포, 쪽지벌 등 4개의 늪을 통칭해서 이른다. 이 4개의 늪지를 합치면 넓이는 무려 2314㎢(70여만 평)에 이른다. 끝이 보이지 않을 정도로 광활한 늪지에는 수많은 동물과 식물들이 저마다의 삶을 영위하며 살아가고 있다.

관심 있는 사람들에게는 다르겠지만, 보통의 여행자들이 우포늪에 350여 종의 희귀 동식물들이 서식한다든지, 늪지가 1억 4000만 년 전에 생성됐다든지 하는 것을 외울 필요는 없다. 철새들의 생태를 보기 위해 굳이 망원경을 챙기지 않아도 좋고, 늪지에 서식하는 수서곤충류의 이름을 줄줄이 대지 못해도 좋다. 여행자들이 창녕에서 우포늪에 들러야 하는 이유는 한가지 때문이 아닐까. 그건 바로 손대지 않은, 또는 손대지 못한 자연 그대로의 모습을 볼 수 있는 몇 안되는 곳 중의 하나라는 것이다.

우포늪은 고요하다. 목포늪과 사지포늪에서는 가시연들이 군락을 이루고 있다. 그곳에 서면 자연이 '있는 그대로의 모습'으로 다가온다. 좀 더 부지런을 떨자면 이른 새벽 왕버들 수림의 아름다움, 한낮의 물풀 융단, 저물녘 석양을 배경으로 장대로 찍어서 나아가는 나룻배의 모습과 같은 풍경을 즐기면 된다. 한폭의 산수화같은 이런 풍경은 인간이 손을 대지 않았기에 비로소 가능하다는 깨달음이 새삼스럽게 다가온다.

달밤에 만나는 신라의 석탑 그리고 잘 다듬은 옛집

창녕에서 읍내 한복판 시장 부근에 서있는 술정리동 3층 석탑도 빼놓지 말자. 이 탑은 소란스러운 대낮보다 어두운 밤, 조명 아래서 봐야 제격이다. 달빛이 은은한 날이라면 더 좋겠다. 8세기 중엽에 세워진 석탑은 통일신라시대 석탑의 전형적인 모습을 띠고 있다. 비록 탑의 윗부분은 없어졌지만, 몸돌이 안정돼 기품이 느껴진다. 특히 처마 귀퉁이가 살짝 치켜 올라간 지붕돌이 날렵하다. 향토 학자들이 이 탑을 불국사 석가탑에 비견하는 것도 괜한 말은 아니지 싶다. 어둑한 밤, 탑신에 은은한 조명이 비춰지면 하얗게 떠오르는 탑의 모습은 문외한이 보더라도 황홀할 정도다.

창녕군 대지면 석리의 성씨 고가는 조선 말엽 근대 한옥의 독특한 모습을 들여다볼 수 있는 곳이다. 양파를 국내 최초로 재배한 시배지 옆에 들어서 있는 성씨 고가는 1920년대에 지어져 '고가(古家)'라는 말이 무색하긴 하지만, 대문을 들어서면 근대 한옥과 일본풍의 정원 조경이 독특한 아름다움을 빚어낸다. 전통 한옥이 투박한 맛이 있다면, 이 집은 잔디가 깔려 있는 마당이며, 소나무와 어우러진 연못이며, 날렵한 누각까지 깔끔하고 세련됐다.

사진 왼쪽부터 시계 방향으로 성씨 고가, 관룡사 대숲, 관룡사 전경

가는 길

POINT 화왕산은 가을 억새로 이름난 산이지만, 화왕산 아래 관룡사의 '타이타닉 부처님'은 어느 계절에 가도 좋은 곳이다. 되도록 대기가 맑은 날에 찾아가야 시원한 전망을 제대로 즐길 수 있다.

중부내륙고속도로 → 창녕 톨게이트 → 창녕 방면 좌회전 → 5번 국도 → 산당교차로 좌회전 → 화왕산군립공원 옥천매표소 좌회전 → 관룡사

열세 번째 코스

산수화 네 폭에 담긴 가을 풍경, 성주 만귀정과 독용산성

"바위를 타고 흘러내리는 맑은 물이 마치 흰 천을 펼친 것 같다고 해서 '포천(布川)구곡'이라고도 불리는 물길을 거슬러 올라 만귀정(晩歸亭)을 만났습니다. 그 만귀정에 딸린 한 칸짜리 자그마한 누각의 이름도 범상치 않습니다. '만산일폭루(萬山一瀑樓)'.

누각에 올라 사방으로 난 문을 활짝 열었습니다. 열어젖힌 네 개의 문마다 담긴 가을색 가득한 네 폭의 산수화가 눈 앞으로 밀려들었습니다. 문득 중국 송대의 시인 도연명이 고향으로 돌아가며 지은 시 '귀거래사'가 떠오릅니다. 어디 도연명 뿐이겠습니까. 세속의 끈을 놓고 자연으로 되돌아가려는 꿈이야, 도회지에서 번잡스러운 삶을 사는 사람들이 늘 꾸는 것이지요. 더구나 세상일이 죄다 뒤숭숭한 요즘은 그 꿈이 더 간절하지요."

구시폭포

'깊이 들어 앉은 곳' 만귀정을 찾다

가야산 북쪽 자락의 경북 성주 땅은 참으로 '깊은' 곳이다. 그 아름다움이 외지인들에게 알려지지 않아서 깊기도 하거니와, 전해오는 이야기들도 깊고, 그곳에 깃든 정신 또한 깊다. 또 그곳은 가을 또한 다른 곳보다 유독 더 깊다. 성주에서의 여정은 만귀정에서부터 시작하는 것이 좋겠다. 꼬리에 꼬리를 물고 이어지는 성주 땅에 깃든 이야기를 거꾸로 거슬러 짚어가는 지점이기도 하고, 자칫 늦어지면 만귀정 계곡의 가을 정취를 놓칠까 염려되기 때문이다.

맑은 계류가 흐르는 옥계천변에 들어선 만귀정은 송구스러울 만큼 쉽게 가닿는다. 옥계천(포천) 구곡을 따라 정자 입구의 음식점까지 차로 오를 수 있다. 차를 두고 걸어봐야 5분 거리도 안 된다. 그 짧은 걸음이 미안할 정도로 만귀정 주변의 가을 풍경은 그림처럼 아름답다. 뒤로는 우뚝 솟은 가야산의 칼바위가 병풍처럼 둘러쳐 있고, 맑은 계류에는 곱게 물든 단풍잎이 비쳐 가을빛이 짙다. 계곡 아래 맑은 소(沼)가 말구유처럼 생겼다고 해서 이름 붙여진 구시폭포에는 소복하게 낙엽들이 떠내려왔다.

만귀정 아래 계곡 옆 암반에는 한 칸짜리 자그마한 누각이 있다. '만산일폭루(萬山一瀑樓)'. '일만 개의 산에서 내려온 물이 하나의 폭포로 내려온다'는 뜻이다. 현판 하나에도 '수만 가지 사물과 현상의 원리는 하나'라는 뜻을 담고 싶었던 것일까. 가을에 만산일폭루에 들어 사방으로 난 문을 열면 일만 개의 산에서 쏟아지는 가을빛이 좁은 누각 안으로 쏟아져 들어온다. 가을이 다 가기 전에 만귀정을 들르게 된다면 가을의 쓸쓸함이, 혹은 빼어난 누각의 정취가 '돌아갈 곳' 혹은 '돌아갈 때'를 생각케 할지도 모르겠다.

혼자 보기 아까운 풍경,
한개마을과 화연서원

만귀정의 주인, 이원조의 고향은 월항면의 한개마을이다. 500여 년을 이어 내려온 성산 이씨의 집성촌인 한개마을은 소박한 돌담을 따라 오래 묵은 한옥들이 들어서 있다. 도처에 세월의 흔적이 가득한 한옥마을의 가을 정취는 무딘 글 솜씨로는 차마 형언해낼 수 없을 정도로 아름답다.

한개마을의 중심에는 대감댁이라고도 불리는 '북비고택'이 있는데, 이곳이 바로 이원조가 살았던 집이다. 한개마을에는 북비고택이 아니라도 높이 치켜올려진 운치있는 정자를 갖춘 한주종택도 있고, 이원조가 제주목사 직에서 물러나면서 가져온 세 그루의 귤나무 중 하나가 성성하게 살아있는 교리댁도 있다. '강남의 귤이 위수를 넘으면 탱자가 된다'고 했던가. 200여 년의 세월에 귤나무는 가시가 돋친 탱자가 됐고, 가지 끝에는 향긋한 내음의 노란 탱자열매가 열렸다.

한개마을이 각별한 것은 마을 주민들의 후덕함 때문이다. 시도 때도 없이 들어서는 외지사람들이 귀찮을 법도 하건만, 교리댁을 지키던 후손은 낯선 방문객에게 탱자를 쥐어주기도 했고, 한주종택에서 만난 후손은 멀리 가야산을 내다보라며 정자 위로 오를 것을 권하기도 했다.

내친 김에 더 거슬러 올라가 보자. 한개마을의 성산 이씨들은 모두 광해군 때 문과에 급제한 이정현의 후손들이다. 이정현을 가르친 스승이 바로 성주가 자랑하는 대학자 정구다. 퇴계 이황과 남명 조식의 학문을 이어받은 대학자 정구는 성주 땅에서 평생 344명의 후학들을 길러냈다. 수륜면 신정리의 회연서원이 바로 그가 후학들을 길러내던 옛 초당 자리에 들어선 서원이다. 회연서원의 늦가을 풍광 앞에 누구를 세워놓은들 감탄하지 않을 수 있을까. 2층 누각 '견도루(見道樓)'에 올라 서원을 내려다보면 앞마당은 400년 된 느티나무가 떨군 낙엽들로 가득하다. 지붕의 기왓골마다 수북이 쌓인 갈색 낙엽과 노랗게 반짝이는 은행잎들, 거기다가 감나무 고목의 가지에 휘어질 듯 매달린 붉은 감까지 가을의 색감을 보탠다. 절반 넘게 '잎새'를 떨군 서원 앞의 느티나무가 온통 붉게 물들었던 광경은 혼자 보기 아까운 풍경이었을 것이다.

정구는 중국의 무이구곡을 본떠 서원 앞으로 흘러가는 대가천을 오르내리며

독용산성 가는 길

경관이 뛰어난 아홉 곳을 골라 하나하나 이름을 붙였으니, 그것이 무흘구곡이다. 구곡 중에서는 3곡 배바위와 4곡 선바위가 가장 빼어나다. 특히 선바위는 우뚝 솟은 30m 암봉에 뿌리를 내린 소나무가 자라고 있어 신비로움을 더해준다. 굳이 구곡이 아니라도 성주댐을 지나면서 펼쳐지는 드라이브 코스의 풍광은 가히 점입가경이다.

6㎞ 넘게 이어진 능선길 따라 단풍 구경

성주 땅에는 독용산성이 있다. 독용산(955m)을 끼고 해발 720m에 세워진 독용산성은 영남지방의 산성 중에서 그 규모가 가장 크다. 성곽을 쌓은 연원은 성주 가야 시대까지 올라간다. 독용산성을 찾아가는 것은 산성을 보러가는 목적보다는 화려한 단풍을 만나기 위함이다. 산 아래서 산성 쪽으로 능선을 오르는 임도는 폭이 좁은 데다 대부분의 구간은 가드레일도 없는 아찔한 벼랑길을 달려야 한다. 하지만 도로포장이 정갈하게 돼있는 데다 길의 높이와 굽이도 부드러워 미리 겁부터 낼 일은 아니겠다.

이 길에서는 단풍을 가깝게 혹은 멀게 욕심껏 볼 수 있다. 굽이를 돌 때마다 빼어난 조망이 펼쳐진다. 길 옆과 건너다 보이는 산자락을 물들인 현란한 단풍들로 멀미가 다 날 정도다. 저 멀리 구름을 이고 있는 가야산의 산봉우리가 첩첩이 이어져 있는 풍경도 한눈에 다 들어온다. 이런 능선길이 무려 6㎞ 넘게 이어진다. 이렇듯 성주 땅은 수많은 이야기들과 아름다운 가을의 풍광으로 가득찬 곳이다.

한개마을

가는 길

POINT 만귀정과 무흘구곡, 독용산성, 회연서원은 성주읍에서 서쪽으로 치우쳐있고, 한개마을은 읍의 동쪽에 있다. 이동의 효율성으로 보자면 한개마을을 마지막 여정으로 정하는 것이 낫다. 다만 길이 좁은 독용산성은 날이 밝을 때 서둘러 가는 것이 좋겠다.

영동고속도로 여주분기점 → 중부내륙고속도로 → 성주 나들목

경부고속도로 → 왜관 나들목 → 33번 국도 → 성주

열네 번째 코스

수묵화를 품에 들인,
안동 만휴정

"조용히 흘러내린다 해서 '묵계(默溪)'라 이름 붙여진 물길을 따라 오르다가 딱 마주친 정자의 그윽한 자태에 가슴이 두근거렸습니다. '저물 만(晩)'에 '쉴 휴(休)'를 현판으로 내걸고 있는 경북 안동시 길안면 묵계리의 정자 만휴정(晩休亭). 발치에는 제법 힘찬 폭포를, 위로는 너럭바위를 비단처럼 휘감는 물길을 두고 자연과 어우러져 빚어내는 단아함을 간직한 정자 만휴정. 그곳 대청마루에 앉아서 그저 추임새처럼 '아, 좋다'는 말만 되풀이합니다.
안동에서 만나는 건축미의 정점이라면 단연 '정자'입니다. 정자는 들어선 자리부터 앉음새며 건물의 형태까지 주인의 안목과 품성, 나아가서는 삶의 태도까지도 알 수 있는 공간입니다. 안동의 정자에는 말년에 자연으로 돌아온 선비들의 마지막 꿈이 담겨 있죠. 안동 땅에서 이름난 전통마을이나 고택들을 다 제쳐 두고 구태여 정자를 찾아 나선 까닭도 이런 이유 때문입니다. 자연을 인위적으로 가두거나 소유하지 않고 기꺼이 자연의 한 부분이 된 단아한 정자의 자태 속에서 옛사람들의 정신을 봅니다."

만휴정

그윽한 수묵화 속
풍경을 만나다

흔히 '물도 좋고, 정자도 좋은 곳은 없다'고들 하지만 안동의 만휴정만큼은 예외다. 빼어난 풍경 속에 곱게 숨어 있는 만휴정은 물도 좋고, 정자는 더 좋다. 안동에서 영천으로 이어지는 35번 국도. 계명산 반대편 자락의 작고 허름한 마을인 하리에서 길안천에 합류하는 묵계(默溪)의 물길을 따라 걸어 오르면 10분도 채 안 돼서 수묵화에서나 만나볼 수 있을 법한 그윽한 비경이 펼쳐진다. 바로 만휴정 원림(園林)이다.

만휴정을 찾아가노라면 먼저 잦은 비로 제법 위세가 당당한 송암폭포부터 만나게 된다. 폭포를 건너다보는 자리에 서면 정작 폭포보다는 폭포 위 암반에 들어서 있는 정자 만휴정의 자태에 마음을 빼앗기게 된다. 첫 만남부터 감탄사가 절로 터져 나온다. 자연을 다치게 하거나 거스르지 않고 어찌 저렇

듯 딱 맞는 퍼즐처럼 아늑한 자리에다 정자를 들여놓았을까. 폭포 너머 담쟁이가 휘감고 올라간 초록의 돌담장 너머로 정자는 추녀 끝이 날렵한 팔작지붕을 이고 있다.

정자 앞에 다가서면 너럭바위를 타고 비단처럼 흘러내려 온 곡간수가 담겨 흐르고 있고, 그 물길 위에는 통나무 네 개를 포개서 만든 제법 긴 다리가 있다. 다리를 건너면 정자의 쪽문으로 들어서게 된다. 다른 곳의 정자들은 대개 '문화재'라는 이유로 문을 꼭꼭 닫고 있지만, 만휴정의 문과 대청마루는 다른 안동의 정자들처럼 늘 열려 있다. 인적 드문 계곡의 만휴정에서는 누구든 잠깐이나마 정자를 통째로 소유한 주인이 될 수 있는 것이다.

만휴정

만휴정의 누마루에 앉으면 마치 그림 속으로 걸어 들어간 듯하다. 난간에 기대서 낮은 담장 너머로 오랫동안 계곡을 건너다보는 것도 좋겠고, 시원한 마루에 누워 잠깐의 오수(午睡)를 즐겨도 좋겠다. 짙은 이끼의 숲은 서늘하고, 바위 사이로 흐르는 물소리와 늦여름의 유순한 매미소리, 솔숲을 흔들고 지나는 바람 소리까지 어우러지니 신선놀음도 이런 신선놀음이 없다. 정자에 들어서면 절로 마음을 평안하게 내려놓게 된다. 아무것도 하지 않고 대청마루에 앉아 반나절의 시간쯤은 흘려보내도 전혀 지루하지 않으리라. 아니 거기서 한나절을 다 보낸다고 해도 되돌아 나오는 발걸음이 아쉬움에 자주 멈칫거려질 게 틀림없다.

체화정

스스로 풍경 된 고산정,
붉은 꽃 두른 체화정

청량산을 굽어 돈 낙동강이 청량교 아래 패차골과 실밭골을 지나 협곡을 만나는 곳이 바로 도산면의 가송협이다. 가송협의 들머리쯤에는 안동에서 손꼽히는 정자 중의 하나인 '고산정'이 있다. 고산정을 찾아가는 길이 강 건너편으로 나있어 정자의 첫인상은 멀찌감치 강물 너머 서 있는 모습으로 다가온다. 강 건너편에서 보는 고산정의 모습은 여느 정자와는 사뭇 다르다. 강변의 초지에 호젓하게 들어선 고산정은 거대한 바위벼랑과 너른 강물이 빚어내는 거대한 풍경 속에서 마치 하나의 작은 점처럼 보인다. 주변의 경관이 워낙 장대하니 옹색하게 보이기 십상이지만, 어쩐 일인지 부속건물 하나 없는 작은 정자 하나가 그 풍경에 탱탱한 탄력을 불어넣는다. 정자가 '자연의 일부분'이 된다는 것을 이만큼 적절하게 확인해주는 풍경이 또 있을까 싶다. 정자가 풍경과 어찌나 잘 어울리는지 정자를 지워버린다면 일대의 경관까지 헐거워질 것 같은 느낌이 드는 것은 이 때문이다.

고산정은 가까이 다가가서 보면 많이 쇠락했다. 안동의 다른 정자와는 다르게 문도 잠겨 있다. 그저 강 건너편에서 바라보는 것만으로 정자가 빚어낸 풍광이 만족스러우니 구태여 찾아 드는 이들이 없는 탓이다. 그러나 강물 쪽으로 슬쩍 몸을 기울여 자라는 수백 년은 됐음 직한 노송 한 그루와 어우러진 정자의 모습이 제법 운치 있다.

안동에서 또 하나의 정자를 꼽자면 '체화정'을 빼놓을 수 없다. 체화정은 안동시내에서 하회마을이나 병산서원 쪽으로 가자면 지나게 되는 풍산읍에 있어 오며 가며 들를 수 있지만, 관광객들은 대부분 34번 국도를 따라 바삐 풍산읍을 에둘러 돌아가니 아쉽게도 코앞에서 정자를 빗겨가곤 한다.

체화정은 풍산읍을 지나는 924번 지방도로변에 있다. 자그마한 동산을 뒤로 두르고 앞으로는 수생식물과 연못을 품고 있는 정자는 늦여름 햇살에 가장 아름답게 빛난다. 그건 바로 정자 앞의 배롱나무 붉은 꽃들이 화려하게 피어나기 때문이다. 체화정을 찾는 이들은 누구도 곧바로 정자 앞으로 '직진'하지 않는다. 체화정을 보는 일은 미술품을 감상하는 것과 비슷하다. 연못을 앞에 두고 멀리 물러나기도 하고 가까이 다가서기도 하며, 또 왼쪽에서 오른쪽으로 자리를 옮겨가면서 정자의 모습을 감상하게 된다. 연못에 누각의 지붕을 비춰보기도 하고, 배롱나무 붉은 꽃이 물에 반영되는 자리를 찾기도 한다. 누가 시켜서 그러는 것도 아닌데 체화정 앞에서는 자연스레 그렇게 된다. 단원 김홍도 역시 그랬던 모양이다. 그는 안기찰방으로 있으면서 체화정의 아름다움에 반해 자주 찾아 들었다. 체화정 현판 뒤쪽의 '담락재(湛樂齋)'란 현판도 그때 쓴 그의 솜씨다.

저마다 다른 풍광,
마음 끌어당기는 정자들

이쯤 되면 마음이 바쁘다. 꺼내 보여야 할 정자는 아직도 수없이 많은데 소개할 공간이 부족한 탓이다. 만휴정, 고산정, 체화정을 안동의 으뜸 정자로 올리는 데는 망설임이 없지만 백운정과 낙암정, 광풍정을 '나머지 정자'로

체화정

뭉뚱그리는 것이 못내 아쉽긴 하다.

백운정은 임하면 천전리 임하 보조댐 건너편에 있다. 아름드리 울창한 솔숲의 백운정 유원지 강둑 길에서 강 건너편을 올려다보면 물 그림자를 드리운 정자의 지붕이 살짝 보인다. 짙은 숲에 정갈한 정자 하나가 묻혀 있다. 백운정을 찾아가려면 걸어서 보조댐을 건너 찾아가거나 추월마을까지 가서 차를 세워두고 보조댐 철조망 안쪽 강둑의 조붓한 오솔길을 걸어 찾아가야 하는데, 이 길의 운치가 보통은 넘는다. 백운정은 정갈하게 관리되고 있다. 누마루 한쪽에 놓인 방명록을 들추니 다녀간 이들이 적어놓은 감탄사들이 즐비하다. 내용으로 보아하니 얼마 전까지 후손들이 정자 안쪽 살림집에 살며 손님들에게 방을 내줬던 모양이지만 아쉽게도 지금은 살림집의 문이 잠겨 있다.

낙암정은 안동의 서남쪽 남후면 단호리 건지산 자락 단애 절벽에 매달리듯 들어서 있다. 그 매달려 있는 풍경을 아득하게 올려다보려면 강 건너편 풍산읍 개평리를 찾아가야 한다. 4대강 공사로 주위가 흐트러져 정취가 예전만 못하지만, 그곳에 서면 건지산 4부 능선의 가파른 암반에 들어선 낙암정을 만날 수 있다. 강 건너편 낙암정은 코앞에 있지만 강을 건너는 다리가 없어 무려 20㎞를 돌아가야 한다. 남호면 소재지에서 개곡리 방향으로 향하다 낙암정을 겨누고 강변을 따라가다 보면 언덕길을 넘어가게 되는데 그곳에서 내려다본 강변 풍경이 또한 그윽하기 그지없다. 언덕을 넘어 나타나는 표지판을 따라 햇볕을 가릴 정도로 숲이 무성한 길을 내려가면 낙암정이다. 낙암정은 전혀 관리가 되지 않고 있다. 떨어진 문짝과 뚫어진 창호문이 안쓰러울 정도다. 멀리 휘돌아나가는 낙동강 변이 온통 공사판인 게 아쉽긴 하지만 도깨비가 점지해줬다는 자리만큼은 명당이다.

안동 장씨의 집성촌인 서후면 금계마을의 정자 광풍정도 빼놓을 수 없다. 광풍정은 바로 뒤편 암반에 지은 제월대와 함께 두 개의 정자가 높이를 달리하고 나란히 서 있어 독특한 경관을 만들고 있다. 광풍제월(光風霽月)은 '비 온 뒤의 바람과 달'이란 뜻으로 '깨끗하고 맑은 마음'을 말하는 것. 송나라의 명필 황정견이 주무숙의 인물됨을 말하면서 '가슴에 품은 뜻의 맑고 밝음이 비 갠 뒤 해가 뜨며 부는 청량한 바람과도 같고, 비 갠 하늘의 상쾌한 달빛과도 같다'고 한데서 유래했다. 전남 담양의 소쇄원도 이를 빌어 아래쪽 누각을 광풍각, 위쪽을 제월당으로 쓰고 있는데 이곳에서는 아래쪽에 광풍정을 위쪽에 제월대로 두고 있다. 광풍정은 비록 소쇄원처럼 빼어난 정원을 갖지도, 흐르는 물을 담아두고 있지도 않지만, 소박한 마을 한가운데서 바른 마음의 빛(光)과 거짓된 마음을 비워내는 달(月)의 정신을 일깨우고 있다.

가는 길

POINT 만휴정의 풍경을 완성하는 건 폭포다. 평소에도 수량이 적지 않지만, 힘차게 폭포가 쏟아지는 비 내린 직후나 장마철에 찾아가는 것이 더 좋겠다.

중앙고속도로 서안동 톨게이트 → 안동 방면 우측방향 → 호암 삼거리 대구 영덕 방면 우회전 → 송현동 방면 좌회전 → 영호대교 북단 사거리 → 탈춤공원 앞 우회전 → 정상교차로 좌측방향 → 35번 국도 → 길안 사거리 좌회전 → 묵계서원 앞 우회전

인생풍경 셋

휴식

일상을 떠나
휴식의 여유를 느끼다

쉴 휴

덕치초등학교

열다섯 번째 코스

지상의 가장 '아름다운 시절', 벚꽃 핀 임실 구담마을

"지류의 물을 받아서 몸집을 불린 섬진강 하류 쪽은 온통 흐드러지게 핀 꽃으로 봄 내내 소란스럽습니다. 봄꽃은 섬진강 하류에서 시작되지만 매화 꽃잎이 분분히 날려 강물에 떠내려가고 난 뒤, 섬진강의 아름다움은 단연코 상류 쪽에 오래 머뭅니다. 섬진강 상류는 만발한 꽃으로 화려하지도, 몰려든 행락객들로 떠들썩하지도 않습니다. 봄기운을 빨아들인 신록을 끼고 흘러 내려온 강물이 그저 고요하게 흐를 뿐입니다. 그 물길을 따라서 '하루 종일 아무 일도 일어나지 않는' 강변의 작은 마을들에는 평화가 출렁거립니다.

그 강변 길에서 논둑에 나와 삽을 씻거나 농기구를 정리하면서 한 해 농사를 준비하는 순한 이들과 가벼운 목례만 나눠도 가슴은 따스해집니다. 그래서 섬진강 시인 김용택은 자신의 산문 말미에 "섬진강에 꽃이 피었고, 강물에 꽃 그늘이 드리워지고 꽃잎이 강물에 흩날린다. 사람들아! 그 강물 위의 꽃잎이 세상을 향한 내 사랑인 줄 알거라."라는 구절을 남겼나 봅니다."

섬진강 상류,
연둣빛 신록으로 물들다

섬진강 상류의 물길은 온통 연두색 신록으로 반짝이고 있다. 봄꽃이 이르더니, 신록은 더 과속이다. 강둑은 벌써 새잎을 낸 풀들로 벨벳처럼 윤이 나는 초록이다. 물이 한껏 오른 강변의 버드나무 가지에도 연두색 순한 이파리가 새로 돋았다. 초록이 저리 환할 수가 없다. 섬진강 상류에는 화선지 위에 듬뿍 찍은 수채화 물감처럼 초록이 번져 나가고 있다. 붓을 들어 찍은 자리마다 초록의 채도가 다르다. 봄날의 강물이 가장 맑아 보이는 것도, 물소리가 이맘때 더 청아하게 들리는 것도 다 초록 덕분인 듯하다.

봄날의 섬진강 변을 따라간다. 첫 목적지는 전북 임실의 '천담교'다. 임실 강진면 사무소에서 순창 동계면 사무소로 이어지는 717번 지방도. 딱 그 길 중간쯤에 섬진강을 건너는 자그마한 다리 천담교가 있다. 다리를 건너면 길은 T자다. 왼쪽으로 꺾어지면 섬진강 변의 천담마을과 구담마을로 이어지고, 오른쪽 길은 진뫼마을을 지나서 덕치초등학교까지 이어진다. 두 길을 놓고 어느 쪽으로 가야 할지 망설일 건 없다. 그냥 두 길을 다 걸으면 된다. 부드러운 흐름의 강을 따라가는 길이니 오르내림은 없다. 이 길이나 저 길이나 순하다. 필요한 건 시간일 텐데, 애초에 봄날의 섬진강을 걷겠다고 나선 길이라면 느긋하게 여유를 두자. 봄날의 구경을 흔히 '완상(玩賞)'이라고 한다. '희롱할 완(玩)'자. 한마디로 '논다'는 얘기다. 봄볕에 놀자는 데 바쁠 일이 뭐 있을까.

아름다운 시절,
구담마을 가는 길

선택은 필요 없지만, 길을 밟는 순서가 있다. 먼저 막다른 길부터. 천담마을과 구담마을로 이어지는 길이 강의 물길에 닿아 끊긴다. 이쪽 길의 정취는 일찌감치 알려졌다. 1998년 이 길 끝의 구담마을과 천담마을에서 찍은 영화 한 편이 꼭꼭 숨어 있던 이 길의 아름다움을 세상에 알렸다. 이광모 감독의 영화 '아름다운 시절'이다. 6 · 25전쟁을 전후한 시기, 영화는 좌우익의 대립과 가난으로 가장 혹독했던 시절을 가로지른다. 실제로도 구담마을 일대는 회문산을 근거지로 한 빨치산과 토벌대의 비극적 생채기가 깊이 파였던 지역이다. 이런 영화에 '아름다운 시절'이란 제목을 붙인 건 마땅히 역설로 풀이할 것이지만, 스크린 속에 펼쳐진 구담마을 일대의 풍경만큼은 탄성이 나올 정도로 눈부셨다.

영화가 개봉되고 화면 속의 강변마을이 알려지면서 외지 사람이라고는 찾아볼 수 없었던 구담마을에 한때 관광객들이 밀려들었다. 그러나 곧 영화는 잊혔고, 외지인의 발길도 뜸해졌다. 그러나 영화가 잊힌 지금에도 구담마을 끝 당산나무 언덕의 정취는 여전하다. 언덕에서 내려다보는 강 풍경은 섬진강 전체를 통틀어 본다 해도 다섯 손가락 안에 꼽힌다. 특히 봄날의 풍경이 그렇다. 유유히 흘러가는 강물과 그 물을 건너는 징검다리, 강둑에 무성한 지난 가을의 억새와 새로 돋은 초록의 풀, 신록으로 물들기 시작한 나무들까지. 이 자리에서는 딱히 무엇을 봐야 하는 게 아니라, 시야에 들어오는 모든 풍경이 하나의 이미지를 만든다. 그러니 사진으로 담기에도 요령부득이고, '거기 가면 어떤 경치가 좋으냐'는 질문에도 딱히 답할 수 없다. 직접 가서 봐야 그 아름다움을 안다는 뜻이다. 천담교에서 구담마을까지는 편도 3㎞ 남짓.

길이 순해서 간 길을 그대로 되짚어 나온다 해도 1시간 30분이면 넉넉하다.

꽃으로 교문을 삼은
덕치초등학교

다시 천담교로 되돌아가서 이번에는 T자 갈림에서 우회전해 길을 간다. 진뫼마을로 이어지는 이쪽 길은 비밀처럼 숨어 있는 강변 길이다. 숲이 우거진 강변에는 말뚝에 묶인 염소가 풀을 뜯고, 물가에 선 백로가 한 발로 서서 유유히 사냥을 하는 고요한 풍경이 있었다. 그러나 몇 해 전 강변의 나무를 죄다 베어내곤 자전거도로를 놔버렸다. 사실 따로 자전거도로를 낸 것도 아니다. 본래 차량이 드물게 오가던 길 위에다 아스팔트를 붓고, 자전거 차로를 그려 놓고는 '자전거도로'로 이름 붙인 모양이다. 예전과 마찬가지로 이 길은 지금도 차와 자전거가 함께 다니니, 굳이 자전거도로라 따로 내지 않고 예전처럼 차와 자전거가 함께 다녀도 그만이었다. 강변에는 자전거도로를 단장한다고 표지판과 김용택 시인의 시비(詩碑)를 어지럽게 세워 뒀다. 그리고는 이 길에다 '오감물길, 시인의 강'이라 이름 붙여 놓았다. 아무래도 고개가 갸웃거려지는 건 '과연 시인이 이런 길을 원했을까'이다. 차선 반듯한 자전거도로보다는 본래의 비밀스러운 강변 숲길이 더 시인의 이름에 맞춤이지 않았을까. 한 무리의 자전거가 승합차 두 대를 뒤에 따라 붙이고 마치 경주라도 하듯 쏜살같이 강변 길을 달려갔다. 자전거도로도 좋지만, 이런 길이야말로 도보를 위한 호젓한 숲길로 남겨 뒀어야 하는 게 아닌가 싶다.

길은 몇 개의 시비와 김용택 시인의 생가를 지나고 환경단체로부터 '풀꽃상'

을 받은 정자나무도 지나 강변에 딱 붙어 이어진다. 이윽고 자그마한 다리를 건너가면 덕치초등학교가 있다. 섬진강을 발치에 두고 야트막한 언덕 위 학교 건물은 길에서 보이지 않는다. 강을 따라가다가 왼편으로 키 큰 벚나무들이 늘어서 터트린 꽃이 뭉게구름처럼 피어나는 곳이 있다면 바로 그곳이 덕치초등학교다. 교정에 심어진 나무들이 모두 아름드리 벚나무들인데, 이게 한꺼번에 꽃을 피우니 온통 벚꽃으로 교문과 담을 삼은 형상이다. 아, 학교가 이렇게 아름다워도 되는 걸까. 벚꽃 그늘 아래서 아이들은 그네를 타거나 시소를 오르내리고 있다. 아이들의 맑은 웃음소리가 교정에 굴러다녔다. 아이들은 낯선 외지인에게도 스스럼없이 말을 건다. 교정 한쪽에서 꽃을 올려다보자 아이들 몇이 달려와 묻는다. "꽃이 좋지요?"라고. 고개를 끄덕이니, 아이들은 마치 벚꽃을 제가 피우기라도 한 것처럼 자랑스러워했다.

오수천을 따라가며 만나는 더 고요한 풍경

임실에는 더 호젓하고 고즈넉한 강변 풍경도 있다. 섬진강 지류인 오수천의 물길 주변은 때묻지 않은 천변의 풍경을 보여준다. 신록이 물들어 가는 물가를 끼고 자그마한 마을들이 고요한 곳이다. 이 길에서 만나는 마을이라고 해야 옹기종기 모여 앉은 흙담 벽의 작은 집 몇 채, 작은 예배당 하나, 누추한 점방 하나쯤이 고작이다. 마을 풍경은 정물처럼 고즈넉하고, 시간은 느리게 흘러간다.

오수천은 오수면을 끼고 흘러내린다. 임실 오수면을 휘감은 오수천의 물길은 '만취정'을 지나 순창의 동계면까지 이어져 섬진강 본류에 합류한다. 만취정에서 동계면으로 이어지는 이 길은 어찌나 한적한지 오가는 차량마저 드물 정도다. 마을 길보다는 천변의 방죽 위로 차를 달리면 한적하게 신록을 만끽할 수 있다. 강변의 정취를 즐기며 천변을 들고나다 보면 745번 지방도로를 만나게 되는데, 이 도로의 벚나무 꽃이 가로수로 도열하고 있어 늦은 벚꽃 사태를 만날 수 있으리라.

섬진강 천변 풍경

가는 길

POINT 섬진강의 지류인 오수천 천변을 따라가는 길은 마을길이나 방죽길이어서 따로 설명이 어렵다. 무조건 오수천 물길에 바짝 붙어 있는 길을 따라가면 된다.

호남고속도로 전주 톨게이트 → 반월교차로 → 전주시청 방면 우회전 → 조촌교차로에서 우회전 → 대흥교차로 → 21번 국도 남원 · 순창 방면 → 구이교차로 → 27번 국도 순창 방면 → 필봉교차로 → 동계 방면 717번 지방도로 → 천담교

열여섯 번째 코스

한 폭의 그림 같은 가을 평야와 바다, 경남 고성 당동만

"경남 고성(固城). 그곳에서 가을걷이를 앞둔 끝 간 데 없는 너른 평야의 풍요로움과 이제 막 갯것(-바닷물이 드나드는 곳에서 나는 물건)의 농사를 준비하는 어촌 마을의 설렘을 만났습니다. 고성을 찾아가야 하는 것은 풍요로 출렁이는 바닷가 마을의 느리고 아름다운 정취 때문이랍니다."

다랑논이 흘러내린 당동만,
그 독특한 가을의 풍경

경남 고성 땅은 풍요로움으로 빛난다. 남쪽 바다를 끼고 있는 고성은 뜻밖에도 가을이 출렁이는 너른 들을 갖고 있다. 고성읍의 서쪽 영현면과 영오면 일대에는 평야라 이름 붙여도 좋을 만한 끝 간 데 없는 들이 있고, 고성읍을 비롯해 거류면과 마암면, 구암면 일대에도 너른 논이 얕은 계단을 이루며 펼쳐진다.

예부터 고성은 논농사로 이름났다. 조선시대 경남 통영에 왜구의 침입을 막기 위한 수군통제영이 들어섰을 때, 여기에 공급되던 곡식인 이른바 '통영곡(統營穀)'의 8할을 고성에서 공급했을 정도다. 고성지역 농민들이 농사를 지으며 부르던 '고성농요'가 탄생한 것도 너른 논과 분주한 농사일 때문이었으리라. 고성 땅에서 이런 풍요로운 모습을 감상할 수 있는 곳을 '딱 한 곳'만 꼽으라면 한 치의 주저 없이 '당동만(灣)' 일대이다. 이곳의 풍경은 독특하다. 코발트 빛 바다가 내만(內灣)으로 깊이 들어온 해안가에 천수답 다랑논들이 조각보처럼 펼쳐져 있다. 마치 논이 구릉에서 바다 쪽으로 주르르 흘러내린 듯하다. 논 너머는 곧바로 바다다. 바다를 배경으로 짓는 다랑논의 농사는 노동의 수고로움보단 그 자체로 한 폭의 그림처럼 다가온다. 논물을 보러 나온 허리 굽힌 농부 뒤로 바다가 펼쳐지고 그 바다 위를 미끄러지듯 5t 남짓의 작은 어선들이 지나는 풍경이라니!

바다 쪽으로 흘러내린 당동만의 논과 바다 사이에는 해안을 따라 부드럽게 휘어진 길이 있다. 한쪽으로는 잘 익은 벼가 물결치는 논이, 반대쪽에는 장판지처럼 잔잔한 푸른빛 바다가 펼쳐지는 고요한 길이다. 화당리 포구에서 논과 바다를 나누며 하원마을로 이어지는 이 길은 다랑논과 바다가 어우러져 낯설면서도 독특한 느낌을 빚어낸다. 다른 어디서도 보지 못한 느낌의 길이다. 야트막한 구릉을 넘어가는 그 길은 아쉽게도 성동조선소쯤에서 닫혀 있어 고스란히 간 길을 되짚어 돌아 나와야 한다. 그러나 왕복 4㎞ 남짓한 그 길에서 느껴지는 가을의 논과 바다의 정취는 빼어나기 이를 데 없다. 땅과 바다가 키워 내는 것들의 그득한 풍요로움 사이로 걷는 짧은 산책은 마음을 절로 푸근하게 만들어 준다.

특급 조망대에 올라서
당동만을 굽어보다

당동만의 전경은 고도를 높여 멀리서 내려다볼 때 더 환하게 빛이 난다. 그 풍경을 내려다볼 수 있는 '특급 전망대'가 바로 당동만 뒤편에 우뚝 솟은 거류산(570m)에 있다. 출발 지점은 거류산 아래 대숲과 야생 차 밭을 둘러친 작은 절집 장의사. 장의사는 그다지 특별해 보이지 않지만 원효대사가 632년 창건했으며 효봉스님이 중건했다니 의외로 내력이 만만찮은 절집이다. 절집 약수터 뒷길로 들어서면 길 옆으로 거대한 돌로 쌓은 돌탑들이 줄지어 서 있다. 탑으로 삼은 돌들이 어찌나 큰지 중장비의 힘이 아니고서는 움직일 엄두도 내지 못할 크기의 돌탑이 즐비하게 늘어서 있다. 이 길을 지나 갈림길의 이정표를 읽으며 '엄홍길 기념관' 방향으로 향하다 다시 '문암산' 방면으로 30분쯤 오르다 보면 사방이 탁 트이는 6분 능선쯤에서 바위를 만나게 된다. 그곳이 바로 동쪽으로 당동만 일대의 풍경이 파노라마처럼 펼쳐지는 특급 전망대다.

남해안의 바다는 대부분 옥빛인데 이쪽에서 내려다보는 당동만의 바다는 파란색 잉크를 풀어 놓은 듯 진한 청색으로 반짝인다. 청색이되 어둡지 않은, 진하고 맑은 청색의 바다다. 그 청색의 바다 위로 구릉에서 초록색과 노란색의 기운이 뒤섞인 다랑논이 흘러내리고 있다. 저마다 채도가 다른 색감의 조각보들을 이어 붙인 듯한 다랑논의 모습은 탄성을 자아내기 충분하다. 깊숙이 들어온 내만의 바다에는 굴 양식장의 부표들이 줄 맞춰 떠 있고, 방파제 사이로 출항하는 고깃배들이 고요한 물 위로 길게 곡선의 자취를 그리며 미끄러지고 있다. 고개를 들어 먼바다 쪽을 바라보면 당동만 너머로는 어의도 · 가조도 · 수도 · 칠전도가 떠 있고, 더 멀리 앵산이 우뚝 솟은 거제도의 모습이 뚜렷하다. 이 한 폭의 풍경 속에서는 풍요와 평화가 함께 느껴진다.

당동만의 전경을 탄성과 함께 바라보다 보면 되돌리는 발길이 좀처럼 떨어지지 않을 게 틀림없다. 내친김에 거류산 정상을 향해 몇 개의 철계단을 딛고 능선까지 올라서 보자. 이쪽의 능선을 따라가는 길 내내 오른편으로 당동만의 전경이 각도를 달리하면서 펼쳐진다. 멀리 올려다 보이는 거류산의 정상까지 오른다면야 높아진 고도로 풍광은 더 장쾌해지겠지만, 등산이 목적이 아니라면 굳이 거기까지 갈 것도 없다. 본격적으로 거류산을 종주하려면 대여섯 시간은 족히 잡아야 하니 굳이 정상을 욕심내기보다는 능선 위에서의 풍광만 즐기다가 아쉬움을 접고 내려오는 편이 낫다. 능선을 따라 한참을 가다 보면 갑자기 산세가 바뀌면서 조망이 닫힌 숲길이 나오는데, 여기까지만 다녀온대도 당동만 일대의 풍경을 만끽할 수 있다. 산을 오르고 내리는 1시간여쯤의 수고로 이 정도 풍광을 만난다는 것은 속된 말로 '남아도 한참 남는 장사'다.

고성의 옛 마을에서
따스한 고향의 정서를 만나다

고성에는 옛 정취로 그득한 농촌 풍경을 만날 수 있는 곳도 있다. 전주 최씨 안렴사공파의 집성촌인 하일면 학림리의 학동마을. 아름다운 옛 담장을 두르고 있는 마을이다. 마을의 돌담은 인근 사태산 자락에서 지고 온 납작돌을 쌓고 황토를 이겨 발라 만든 것이다. 마을 전체가 담쟁이와 호박 넝쿨로 뒤덮인 돌담을 두르고 있어 '국가등록문화재'로 지정되었다.

학동마을에는 돌담을 따라 제법 기품 있는 한옥이 몇 채 있긴 하지만 마을 전체가 반듯하게 정비돼 있는 것도 아니고, 마을 안에 볼만한 게 그리 많은 것도 아니다. '볼거리'만을 찾자면 필시 실망할 것이 틀림없다. 하지만 시선을 낮추고 여유 있게 돌담을 따라 골목을 거닐다 보면 고색창연한 돌담과 어우러지는 농촌 마을의 푸근한 분위기를 느낄 수 있다. 특히 학동마을에서 느껴지는 것은 '자연스러움'이다. 솟을 삼문을 거느린 번듯한 한옥과 삭아 가는 슬레이트 지붕의 낡은 집이 한데 어우러진 마을의 모습이 이리도 자연스러울 수 없다. 게다가 이즈음에는 학동마을 곳곳에 순백의 취꽃이 하얗게 피어나 정취를 더해 준다. 마을 주민들이 텃밭에 취를 길러 봄이면 잎을 뜯어 취나물을 수확한다는데 취들이 밭을 벗어나 길섶에도, 산자락에도 번져 나가 가을이면 마을 전체가 온통 화사하게 피어난 취꽃으로 그득하다.

그럼에도 학동마을에서 가장 인상적인 것은 풍경보다 주민들의 친절이다. 대개 관광지로 개발된 전통 마을을 찾아가면 가장 불편한 것이 귀찮아하거나 경계하는 주민들의 시선이다. 그러나 이곳에서는 고택을 기웃거리다 보면 집주인으로부터 '거기 서 있지 말고 들어오시라'는 권유를 받게 된다. 마을 사람들은 기꺼이 툇마루를 내주고 마을의 내력을 설명해 준다. 마을에서 오가며 마주치는 주민들도 '마을에 볼 것이 별로 없지만 잘 보고 가시라'며 걱정 반 미안함 반의 말을 던진다.

오랜 시간의 깊이와
멀리 굽어보는 높이

여행지로서 경남 고성은 누가 뭐라 해도 '공룡'으로 대표된다. 30년 전쯤

거류산에서 본 당동만

하이면 덕명리 해안가에서 7000만 년 전 우르르 달려간 초식공룡과 육식공룡들의 어지러운 발자국이 발견되면서 고성은 하루아침에 '공룡의 나라'가 됐다. 가늠할 수 없는 시간의 저편에서 멸종된 공룡들이 딛고 간 뚜렷한 발자국은 감동을 넘어 경이에 가깝다. 그 발자국을 볼 수 있는 곳이 공룡박물관과 상족암이 있는 덕명리 해안 일대다. 이곳이야 고성을 찾는 여행자들이 빠짐없이 들렀다 가는 곳이어서 따로 설명이 필요 없을 정도다.

그러나 금태산 깊은 자락에 자리 잡은 절집 계승사를 아는 이는 적다. 계승사는 절집의 운치보다 '시간의 지층'이 더 감명 깊은 곳이다. 절집 이곳 저곳에는 백악기 때의 지층 구조와 초식공룡의 거대한 발자국, 찰랑이던 물살의 흔적과 빗방울의 자취가 바위에 뚜렷이 남아 있다. 절집 옆의 깎아지른 절벽에는 지층이 시루떡처럼 겹쳐 있는데 이것이 바로 백악기 때의 지층 구조. 거기까지는 별다른 감흥이 없다. 그러나 절집 한쪽 끝 요사채(—승려들이 거처하는 집) 건물 앞 암반에 뚜렷이 찍힌 물결무늬를 보면 깜짝 놀라게 된다. 1억 년 전쯤 이곳이 호숫가였고, 그 호숫가의 부드러운 진흙 땅에 찰랑이는 물이 그려 놓은 물결무늬 흔적이다. 그 오랜 시간을 건너와 어쩌면 저리도 뚜렷하게 남아 있는지 도무지 믿기지 않을 정도다. 보타전 옆의 암반에는 빗물이 떨어진 흔적도 남아 있다. 이것 역시 1억 년 전쯤의 자취라는데 금세 떨어진 빗방울처럼 선명하다. 또 약사전으로 오르는 계단 부근에는 거대한 용각류 초식공룡의 발자국 몇 개가 남아 있다. 발자국의 크기가 무려 90㎝를 넘으니 공룡의 크기가 얼마나 컸을까.

계승사와 함께 가 볼 만한 절집으로는 무이산 자락의 문수암을 들 수 있다.

가파른 산자락에 문수암을 들인 이유는 오로지 단 하나, 그곳에서 내다보는 전망 때문이리라. 문수암으로 드는 길은 갈 지(之) 자로 이어지는 제법 가파른 길이지만, 왕복 2차선의 잘 닦인 길이라 차를 타고 편안하게 오를 수 있다. 절 입구에 차를 대면 구태여 절집으로 올라서지 않고도 장쾌하게 펼쳐지는 능선에 세워진 거대한 청동 약사보살상 너머로 고성의 앞바다를 바라볼 수 있다. 눈 안에 들어오는 풍경의 규모가 어찌나 큰지 숨이 턱 막힐 정도다.

옥천사와 운흥사도 빼놓으면 아쉬운 절집이다. 화엄종 10대 사찰 중의 하나인 옥천사는 오래 묵은 건물과 빛바랜 단청들이 고색창연한 맛을 풍긴다. 대웅전 옆에 사철 마르지 않는 샘이 있는데 솟는 물맛이 좋다. 운흥사는 초라하다 싶을 만큼 자그마한 절집이지만 대웅전 옆에 둥근 돌담을 쌓아 만든 장독대의 운치만으로도 찾아가 볼 만하다.

가는 길

POINT 당동만의 아름다운 전경을 굽어볼 수 있는 절집 장의사까지는 차로 단숨에 올라갈 수 있다. 해발 220m에 있는 장의사까지 차로 오르니 문암산의 절반을 거저 올라가는 거나 다름없다.

통영 · 대전고속도로 동고성 톨게이트 → 안정공단 · 안정 방면 좌회전 → 무량교차로 → 은월방면 우회전 → 월치마을 경로당 → 우회전 → 거류로 → 장의사 방면 좌회전 → 신용 9길 → 장의사

열일곱 번째 코스

부산 자갈치 시장, 해운대는 못 봐도 금정산성은 봐야 한다

"자갈치 시장으로 대표되는 항도, 해운대의 하늘을 찌를 듯 솟은 마천루, 달빛이 운치 있는 달맞이고개, 6·25전쟁 피란시절의 애환이 담긴 영도다리와 남포동. 거친 바다를 끼고 도는 빼어난 해안 도보 코스부터 주택가의 작은 미술관까지 부산의 명소는 이루 헤아릴 수 없습니다. 부산이 비춰내는 스펙트럼이 이처럼 다양하니 부산의 여정을 한 두름으로 모두 꿸 재주는 없습니다. 다만 워낙 드라마틱하게 근대를 건너온 도시여서인지, 근대 이전의 부산에 대해서는 그다지 알려진 것이 없습니다. 근대 이전의 부산이 궁금했습니다. 부산의 오래된 곳들을 찾아 나선 까닭입니다. 부산의 오래 된 곳 중에서 꼭 가봐야 할 곳이 우리나라에서 가장 긴 산성이라는 금정산성입니다. 그 길이만 무려 17㎞에 달합니다. 성곽에 오르면 해운대 바다, 구포대교와 낙동강, 너른 김해평야, 푸른 물빛의 회동지까지 부산이 가졌거나 두른 것들을 한 눈에 다 볼 수 있습니다."

부산에 갔다면 꼭 가봐야 하는 곳, 금정산성

금정산성은 부산사람들에게는 최고의 명소로 꼽히는 곳이지만, 외지인들에게는 그다지 알려진 곳이 아니다. 그도 그럴 것이 관광객들의 입장에서야 부산까지 와서 바다가 아니라 산을 찾는 것부터가 낯설다. 그러나 결론부터 말하자면 금정산성이야말로 부산에 갔다면 꼭 찾아가야 할 곳이다. 자갈치 시장을 놓친대도, 해운대를 못 보았대도 금정산성만큼은 꼭 올라봐야 한다는 얘기다.

낙동강과 수영강의 물길을 나누는 금정산은 해발고도가 800m를 겨우 넘을 정도지만 일찌기 부산의 진산으로 꼽혀왔다. 서울 사람들에게 북한산이 그렇듯 부산 사람들에게 금정산은 단순한 산의 의미를 넘어 의미를 지닌다. 조선시대를 거슬러 신라 때까지 올라가는 산성의 묵은 시간 때문이기도 하겠고, 빼어난 산세와 압권인 조망 때문이기도 하겠다. 산성에 올라서면 구포 쪽 낙동강의 S자 물길과 그 너머의 드넓은 김해평야, 해운대의 마천루와 바다, 회동지의 푸른 물빛이 다 굽어 보인다. 바다와 강, 호수와 평야를 한 자리에서 다 볼 수 있는 곳이 여기 말고 또 있을까 싶다.

금정산성은 총 연장거리가 17㎞이고 성 안의 면적은 8.2㎢에 달한다. 우리나라에서 가장 길고 큰 성이다. 숫자만으로 보자면 그저 그런가 보다 하겠지만 실제로 올라보면 그 거대한 성곽의 규모에 입이 벌어진다. 구불구불 산자락을 타넘고 또 넘어도 성벽의 끝은 아스라하다. 성이 어찌나 큰지 세우는 것도 세우는 것이지만, 지어놓고도 웬만한 병력으로는 성을 지킬 엄두도 내지 못했을 듯하다.

북문에서 동문까지!
금정산성 트레킹

금정산성 트레킹은 능선을 따라 나있는 동서남북의 4곳 문(門)은 물론이고, 문 사이 사이의 봉우리나 망루에서도 시작할 수 있다. 그 중 추천할 만한 코스가 바로 북문에서 시작해서 동문까지 이어지는 구간이다. 이 구간이 금정산성 트레킹의 단연 백미다. 출발지점인 북문까지는 범어사 쪽에서 들어도 좋겠고, 범어사 반대편 자락의 산성마을쪽에서 올라도 좋겠다. 양쪽 모두 북문까지의 거리는 비슷하지만 범어사 쪽에서 오르는 길은 거친 바위 계단 길인 대신 범어사를 둘러볼 수 있다는 장점이 있고, 산성마을쪽 길은 산장까지 차량이 오르내리기도 하는 유순한 길이지만 지루하다는 것이 단점이다.

어찌됐던 북문에서 출발해 단숨에 원효봉까지 차고 오르면 여기서부터 금정산성의 높이가 보여주는 최고의 전망과 만나게 된다. 의상봉과 무명바위 쪽으로 구불구불 산성이 올라붙고 그 뒤쪽으로 3망루 쪽의 나비바위가 아스라하다. 구불거리는 산성을 따라 의상봉에 오르면 다시 제법 너른 초지가 산중 정원처럼 펼쳐지고 부채바위의 기암이 눈앞에 가득 펼쳐진다. 한발 한발 고갯마루를 오르거나 굽이를 돌 때마다 또 어떤 풍경이 펼쳐질지 가슴이 두근거릴 정도다.

일정이 여유롭고 체력만 뒷받침된다면 산성을 한 바퀴 다 도는 8시간 남짓의 트레킹 완주를 하는 것이 좋겠지만, 북문에서 동문까지의 하이라이트 구간만 돌아보길 원한다면 동문쪽에서 호국사를 거쳐 금강공원 쪽으로 내려서는 편이 좋다. 산성마을에서 북문을 거쳐 동문을 돌아 원점으로 회귀하는 코스도 고려해봄 직한 것은 단 한 가지, 트레킹 이후에 맛보는 '산성 막걸리' 때문이다.

부산의 동쪽 바다를
따라가는 여정

부산사람들이 '바다에 간다'고 하면, 그건 필시 해운대도 광안리도 아닌 '송정'을 뜻하는 것이다. 부산사람들은 해안선을 따라 온갖 음식점과 카페들이 즐비한 해운대와 광안리를 외지인들에게 내주고 대신 송정에서 '진짜 부산의 바다'를 느끼는 모양이다. 낮에는 떠들썩하고 밤에는 불야성을 이루는 해운대나 광안리와는 달리 송정의 바다는 고즈넉하다. 해운대처럼 유실되는 모래를 사다 넣는 백사장이 아니라 자연적으로 만들어진 너른 백사장에 부산의 젊은이들이 모여들어 데이트를 즐기거나 평화로운 오후의 시간을 보낸다. 외지인들이 보기에는 한 눈에 확 휘어잡는 이렇다 할 풍경이 없어 다소 심심한 듯 하지만, 부산 사람들에게는 개발의 끝까지 다 밀어붙인 해운대에서는 찾아볼 수 없는 정겨운 바다를 느낄 수 있는 곳인 듯했다.

송정에서 젊은이들로부터 인기를 얻고 있는 곳이 샌드위치 컨테이너들이다. 해안을 따라 작은 컨테이너를 개조한 샌드위치 가게들이 하나 둘 들어서기 시작해 7~8곳에 이르고, 차량을 개조해 샌드위치와 커피를 파는 이동식 트럭들이 요일마다 순번을 정해놓고 영업을 하고 있다. 샌드위치래야 식빵을 구워 달걀지단에 설탕과 토마토 케첩, 치즈 한 장을 끼워 넣은 '포장마차식 토스트'지만, 주머니가 가벼운 젊은이들은 여기서 토스트 한쪽에 커피 한 잔을 사서 백사장에 앉아 바다를 바라보며 반나절을 보낸다. 그 또한 좋지 아니한가.

가는 길

POINT 금정산성의 트레킹 코스는 워낙 여러 가지인 데다 코스마다 다른 매력이 있어 딱히 한두 구간만 권하기 어렵다. 금강공원 로프웨이를 타고 올라가 동문 → 의상봉 → 원효봉 → 북문 → 정상 → 범어사 순으로 들러보는 코스를 많이 걷는다.

트레킹 코스를 걸으면 원점회귀가 어려우니 대중교통을 이용하는 게 낫다. 금강공원이나 범어사까지는 지하철이나 버스로 갈 수 있다. 부산 지하철 1호선 온천장역에서 내리면 된다. 산성마을에서는 온천장역 3번 출구와 연결된 동래 CGV 앞까지 203번 버스가 수시로 운행한다. 범어사는 지하철 1호선 범어사역에서 내려 청룡교(어린이놀이터 정류장) 정류장에서 90번 버스를 타면 된다.

열여덟 번째 코스

간결한 자태의 탑이 있는, 경북 영양 반변천길

“돌로 지은 정갈한 탑 하나가 이리도 마음을 끌어당길 수 있을까요. 병풍처럼 펼쳐진 석벽을 끼고 흘러가는 반변천의 물길을 굽어보는 자리. 거기에 1000년 넘게 서 있는 석탑 한 기. 경북 영양의 봉감모전오층석탑입니다. 화려한 기교 없는 담박한 자태. 그 품새가 정갈하기 그지없습니다. 국보로서의 값어치 따위는 몰라도 좋습니다. 어차피 탑에 얽혀 전해지는 이야기도 변변한 게 없습니다. 하지만 눈썰미만 좀 있다면, 대번에 눈치챌 것으로 믿습니다. 보탤 것도, 뺄 것도 하나 없는 간결한 탑의 자태가 얼마나 단정한지. 이런 단정한 탑이 주변경관과 어우러져 얼마나 그윽한 공기를 만들어내는지를 말입니다.”

단정하면서 그윽한 아름다움이 거기 있다

경북 영양의 반변천 물길을 낀 넓고 야트막한 구릉. 물 건너편에 낮은 병풍처럼 석벽을 둘러친 곳, 거기에 그 탑이 있다. 봉감모전오층석탑. 먼저 그 이름부터 풀어보자. 우선 '봉감'이란 탑이 선 마을의 이름이고, '모전(模塼)'이란 '전탑을 모방했다'는 뜻이다. 전탑은 '흙을 구워 만든 벽돌로 쌓은 탑'을 말한다. 그런데 이 탑은 돌을 흙으로 구운 게 아니라 돌을 벽돌 모양으로 잘라내 전탑처럼 지었으니 이런 이름이 붙여졌다. '오층석탑'이란 두말할 것도 없이 다섯층을 가진 석탑이란 뜻이다.

벽돌 모양의 돌로 쌓아 올린 탑은 화려하지 않다. 높이 11m의 당당한 체구를 가진 탑은 석가탑처럼 유려하지도 않고, 다보탑처럼 귀족적인 품격을 가진 것도 아니다. 봉감모전오층석탑은 날렵한 풍모의 이런 탑과는 미감이 전혀 다르다. 탑의 표정은 어찌 보면 무뚝뚝하다. 하지만 소박하면서 간결한 형태가 더없이 단정하다. 붉은 기가 도는 흑회색의 기운도 자태와 썩 잘 어울린다. 주변은 너른 구릉의 평지가 펼쳐져 있고, 탑 앞쪽에는 까치밥을 매달고 있는 늙은 감나무 한 그루가, 뒤편에는 나뭇잎을 다 떨군 당당한 느티나무 거목이 풍경을 돋보이게 한다.

뒤로 여러 발짝 물러서서 탑을 바라보면 너른 들에 1000년이 넘도록 서 있는 석탑과 몇 그루 나무들, 반변천 건너로 뼈대를 드러낸 갈모산 석벽의 풍경까지 합쳐져 그야말로 그윽한 정취를 빚어낸다. 지금으로부터 1000년 전 통일신라시대 때 탑의 모습은 어땠을까. 탑의 각 층의 낙수면에는 기와가 곱게 입혀졌을 것이고, 네 귀 끝에는 바람에 뎅그렁거리는 풍경이 매달려있었을 것이다. 오랜 세월에 기와는 부서졌고, 풍경은 떨어져 나갔지만 이런 장식 하나 없이도 탑은 이렇듯 아름답다.

영양 땅에는 모전탑이 두 기가 더 있다. 우리 땅에 남아있는 모전탑이 모두 10기라는데, 그 중 3기의 탑이 영양에 있는 셈이다. 봉감모전오층석탑에 이어 꼽을 수 있는 것이 삼지리모전삼층석탑이다. 산자락의 중턱쯤에서 마을을 내려다보고 있는 이 탑은 암반 위에 굴러내린 큰 바위를 석탑 기단으로

삼아 그 위에 석탑을 절묘하게 지어 올렸다. 지금은 이층만 남아 온전한 모습은 아니지만, 바위로 쓴 기단의 높이가 더해져 제법 웅장한 맛을 낸다. 현리에도 현동모전오층석탑이 있다. 7m에서 한 치쯤 빠지는 높이라 봉감의 것보다 장대한 맛은 훨씬 덜하지만, 문주석에 새겨진 당초문양이 눈길을 끈다.

기왕 탑 구경을 나섰다면 현일동삼층석탑까지 함께 둘러보자. 31번 국도의 고가도로 아래쪽 너른 들에 동그마니 놓여있는 이 탑은 몸체에 새겨진 팔부중상과 사천왕의 모습이 눈길을 끈다. 마모되긴 했지만 돋을새김이 아직도 선명한 그림자를 드리우는 것을 보면, 처음 새겨졌을 때는 얼마나 더 정교하고 빼어났을까.

반변천을 따라가며 만나는 산촌마을의 정취

영양을 굽어 흐르는 반변천은 척금대의 곡강팔경(谷江八景)을 비롯해 옥선대, 비파담, 세심암, 초선대와 같은 명소들을 두루 만들면서 흘러내린다. 그 중에서도 반변천이 가장 절경을 만들어 내는 곳은 남이포와 선바위 일대다. 남이포는 반변천과 창기천의 물길이 한데 모이는 합수(合水)지점이다. 양쪽에서

흘러내리는 물이 합쳐지면서 Y자 모양의 지형이 만들어졌는데, 두 물길이 합수부의 지형을 예각으로 뾰족하게 깎아내 독특한 지형이 만들어졌다. 이 지세의 주변을 일컬어 남이포라 부르고, 남이포에서 물 건너편에 송곳처럼 우뚝 솟아있는 기암을 선바위이라고 부른다.

남이포와 선바위 일대는 일찌감치 풍경을 앞세운 관광지로 개발됐지만, 영양 땅이 워낙 깊다 보니 찾는 이들은 거의 없어 '관광지'라 이름 하기조차 민망할 정도다. 선바위 관광지에는 분재와 수석, 야생화 등을 모아 전시하는 전시장이 있고, 남이포의 뾰족한 끝자락에 세운 정자 남이정으로 건너갈 수 있는 다리 석문교도 있다. 바람이 차가운 날만 아니라면, 석문교를 건너 남이포의 물가를 따라 남이정까지의 산책을 추천할 만하다.

반변천의 정취는 영양 땅 곳곳에서 만날 수 있다. 영양읍에서도, 반변천 상류의 일월면과 수비면 곳곳에서도 물길이 깎아놓은 석벽의 벼랑과 맑은 물빛을 만날 수 있으니 말이다. 맑은 반변천의 물길을 길잡이 삼아 따라가다 보면 학초정, 약천정, 월담헌 같은 시간의 깊이가 묻어나는 영양 땅의 내로라하는 옛 고택과 정자들을 지나고, 초겨울 빈 밭에다 수확을 끝낸 콩대나 고춧대 따위를 쌓아놓고 태우는 평화로운 산촌마을도 지나게 된다. 영양은 한때 인구 7만을 헤아리던 때도 있었으나, 지금 인구는 고작 1만 8000여 명에 불과하다. 이들이 매서운 겨울 추위를 이기는 방법은 '서로의 체온'이다. 이들이 어떻게 함께 체온을 나누고 있는지를 알고 싶다면 영양읍 오일장을 찾아가보면 알 일이다.

왼쪽부터 시계방향으로 선바위 남이포, 삼지리모전삼층석탑, 학초정

가는 길

POINT 서둘러도 영양까지 4시간 30분은 잡아야 한다. 길마저 구불거려 속도를 낼 수 없으니 천천히 가겠다는 마음을 가지고 출발하자!

중앙고속도로 풍기 나들목 → 5번 국도 → 영주 → 36번 국도 → 봉화읍 · 법전교에서 임기 방면으로 우회전 → 공이재 삼거리에서 좌회전 → 31번 국도 → 영양읍

열아홉 번째 코스

사슴이 살고 있는 섬, 굴업도

"그 섬에서 펄펄 뛰는 심장과 탱탱한 근육을 가진 야생의 사슴을 보았습니다. 진초록 풀들로 뒤덮인 부드러운 능선을 따라 푸른 바다를 바라보며 걷던 길이었습니다. 멋진 뿔을 가진 수사슴 몇 마리가 후다닥 생고무처럼 튀며 바위를 딛고 숲으로 사라졌습니다. 놀란 가슴을 쓸어내리는데, 무성한 수풀 속에서 풀을 뜯던 암사슴 한 마리와 정면으로 눈이 마주쳤습니다. 고개를 빼고 한참 동안 이쪽을 빤히 쳐다보던 암사슴도 곧 짙은 숲 그늘로 몸을 감추었습니다.
활처럼 휘어진 그림 같은 백사장과 무시(조류의 흐름이 없는 물때)에는 바닥이 훤히 들여다보일 정도로 맑은 바다를 갖고 있으며, 펄펄 뛰는 야생동물들이 살아 숨쉬는 굴업도가 개발바람 속에서 그저 덜 다치기를 바라는 마음뿐입니다. 다녀온 뒤에도 한동안 풀숲에서 고개를 빼 들고 이쪽을 바라보던 사슴의 맑은 눈망울과, 까마득한 벼랑 끝을 딛고 아슬아슬하게 서서 바다를 바라보던 당당한 체구의 염소가 잊히지 않았습니다."

거리보다 더 먼 섬,
굴업도의 아름다운 해변

굴업도는 피서객들이 북새통을 이루는 휴가철에도 호젓하게 여름 휴가를 보낼 수 있는 몇 안되는 섬 중 하나다. 사람들을 통제하는 것은 '먼 거리'가 아니라 '불편한 교통'이다. 인천 연안부두에서 덕적도까지는 하루 수 차례 쾌속선으로 이어지지만, 덕적도에서 굴업도까지는 고작 80명이 정원인 정부 보조 여객선 나래호가 하루 한 번만 닿는다. 여객선이 하루 한편뿐이니 당일로 다녀오기란 아예 불가능하다. 아무리 사람들이 몰려들어도 나래호에는 증편이란 게 없다. 문갑도며 지도, 울도 등 그만그만한 섬을 느릿느릿 모조리 딛고 돌아오는 완행 여객선은 하루 한편 운항으로도 벅차다. 이 배를 타지 않고는 굴업도를 디딜 수 없는 탓에, 하루에 섬으로 드는 외지인들은 80명을 넘지 못한다. 한창 휴가 때 사람들이 몰려도 섬 안의 인구는 섬 주민을 합쳐 200명을 넘는 날이 거의 없다.

굴업도의 인구는 8가구 10여명. 그나마 네댓 가구는 인천과 덕적도를 오가며 생활한다. 면적은 여의도(8.4㎢)의 5분 1에 불과한 1.71㎢(52만 평). 그러나 이렇듯 자그마한 섬에 너른 백사장을 가진 세 곳의 해수욕장이 있다. 여름 휴가철에 굴업도를 찾는 외지인들이 주로 이용하는 마을 앞 '굴업도 해수욕장'을 제외하고, 다른 두 곳의 해수욕장은 이름조차 없다. 굴업도에서 가장 아름다운 해수욕장은 백사장에 서면 앞으로도, 뒤로도 바다가 펼쳐진 이른바 '양면해수욕장'. 한때 한 사업가가 누드비치로 개발하겠다고 나서 논란이 됐던 곳이다. 큰 섬과 작은 섬을 잇는 빼어난 백사장을 갖춘 이 해수욕장은 아무리 사람이 붐비는 피서철에 찾아가도 한적하기 이를 데 없다. 마을 앞 해수욕장도 한가하지만, 언제고 이쪽 해변을 찾는다면 아마도 해변 전체를 독차지할 수 있지 싶다. 이 백사장을 넘어 동쪽의 작은 섬 쪽에도 붉은색 모래가 깔린 그림 같은 해변이 있다. 워낙 인적이 드물어서, 지금까지 밟아본 사람이 몇이나 될까 싶다. 너무도 호젓해서 적막마저 감도는 섬. 그 섬으로 떠나는 여름휴가는 어떨까. 번듯한 호텔도, 콘도미니엄도 없고, 심지어 민박도 욕실이 딸린 방은 단 하나도 없지만, 그곳에서 올 여름 휴가를 보낸다면 잊히지 않을 풍경 하나쯤은 선물 받을 수 있다.

까마득한 절벽 사이를
아슬아슬 뛰는 염소 떼

굴업도는 바위로 이뤄진 섬이다. 섬 이쪽저쪽에는 제법 웅장한 바위산이 즐비하다. 해안 부근은 깎아낸 듯 바위들이 천길 벼랑을 이루고 있다. 암벽을 따라 숲으로 드는 길. 저 건너편 까마득한 암벽 위에서 검은 물체가 어른거렸다. 바위를 타고 가까이 다가갔다. 굵은 뿔을 가진 검은 염소였다. 당당한 체구의 염소는 농촌 마을에서 흔히 보던 '가둬기른 염소'와는 아예 격이 달랐다. 마을 주민들이 30년 전쯤에 방목한 놈이다. 워낙 위험한 바위 사이를 뛰면서 자라난 놈이라 잡아낼 수 없어서 놓아두었다고 했다. 그렇게 저 스스로 새끼에 새끼를 낳아서 지금은 250여 마리쯤으로 불어났다. 섬 주변의 벼랑 위를 자세히 살펴보니 깎아지른 바위 위에 올라선 염소들이 마치 검은 점처럼 보였다.

사람이 도저히 근접할 수 없는 벼랑과 날카로운 바위를 펄쩍펄쩍 뛰어 건너는 염소의 모습은 조마조마하기도 했지만, 한편으로는 감동적이기까지 했다. 염소에게서는 야생 상태의 동물에게서 느껴지는 위압감이 있었다. 탄탄한 근육에서도 불끈불끈한 야생의 힘이 느껴졌다. 석양 무렵, 바다 저쪽이 떨어지는 해의 기운으로 발갛게 달아오르는데, 벼랑 위에 큰 뿔을 가진 염소

한 마리가 그 붉은 기운을 해가 다 지도록 내려다보고 있었다.

섬의 바위산 정상 쪽은 마치 모자를 쓴 것처럼 숲이 우거져 있다. 숲에는 소나무며 자귀나무, 붉나무가 자라 마치 정글처럼 우거져 있다. 반들반들한 수피의 소사나무들이 빽빽이 자란 숲 속은 대낮에도 밤처럼 어둑어둑했다. 이팝나무도, 찰피나무도, 동백나무도 군락을 지어 자라고 있었다. 서쪽의 초지에는 머위가 마치 잘 가꾼 호박밭의 호박잎처럼 촘촘하게 자라고 있었다. 그뿐일까. 해안사구에는 갯방풍과 바위솔, 바늘꽃 등이 지천이었다. 대개 산간 육지 야산에서 자라는 고사리가 해안사구에 군락을 지어 자라고 있었다.

초지에서 꽃무늬 선명한 사슴의 눈망울과 마주치다

굴업도의 서쪽은 온통 초지다. 굴업도의 초지는 제주도의 오름과 닮은꼴이다. 풀로 뒤덮인 능선의 부드러운 곡선이 진초록으로 빛난다. 한때 땅콩 농사를 짓던 밭이 묵으면서 풀이 자랐고, 그 풀밭에 한때 소를 키웠지만 1980년대 초반 소 파동이 일어나면서 소 방목도 중단됐다. 그렇게 풀은 무릎부터 어깨높이까지 성성하게 자라났다. 서쪽 초지로 가는 길은 풀밭 사이로 외줄기 길이 희미하다. 그 길을 따라가다가 깜짝 놀랐다. 풀밭 사이에 숨어있던 육중한 사슴 예닐곱 마리가 한꺼번에 후다닥 달려 앞서거니 뒤서거니 하며 초지의 정상쯤에 우거진 숲으로 모습을 감췄다. 순식간에 벌어진 일이었다. 사슴의 도약은 마치 생고무가 튀는 듯했다. 폭발적인 속도에서 탱탱한 근육의 힘이 느껴졌다.

멍하니 사슴이 사라진 쪽을 바라보았다. 놀란 가슴을 쓸어내리고 있을 때 건너 능선의 풀숲 사이로 부스럭거리며 다른 사슴 한마리가 고개를 쳐들었다. 꽃무늬가 화려한 암사슴이었다. 멀찌감치에서 한동안 이쪽을 바라보았다. 그리고 유연하게 풀숲 사이를 걸으며 이쪽 눈치를 살피다가 이내 껑충거리며 숲으로 뛰어올랐다. 울타리도 가림막도 없이 같은 공간에서 한 생명체가 자신을 바라보고 있다는 느낌. 이 느낌을 뭐라 설명해야 좋을까.

굴업도의 사슴도 염소와 마찬가지로 주민들이 20년 전쯤 방목한 것이라고 했다. 처음에 10여 마리였던 것이 새끼를 낳아 200여 마리로 불어났다는데,

아무도 정확한 숫자는 모른다고 했다. 워낙 속도가 빠른 데다 조금이라도 인기척이 있으면 전력을 다해 달아나니 잡을 방법이 없다. 한때 주민들이 올무를 놓기도 했지만, 지금껏 단 한마리도 걸리지 않았다고 했다.

굴업도의 토끼섬
그리고 목너미서 만난 풍경

굴업도에는 물이 빠지면 섬과 연결되는 '소굴업도'가 있다. 한때 이 섬에서 토끼를 길러 '토끼섬'이라고 불렀는데, 하루가 멀다 하고 매가 토끼를 채가는 통에 지금은 토끼가 많이 줄었다고 했다. 토끼섬에서는 파도와 소금바람에 침식된 기기묘묘한 절벽이 눈길을 끈다. 이곳뿐만 아니다. 굴업도의 해수욕장과 해안에는 파도로 침식된 절벽인 파식대와 소금바람(염풍)에 침식된 해식대가 곳곳에 있다.

특히 굴업도 북쪽 해안은 놓치지 말아야 할 절경 중의 절경이다. 서쪽 해안에는 제주도의 주상절리를 연상케 하는 웅장한 바위들이 켜켜이 쌓여 있고, 동쪽 해안에도 침식을 받은 바위들이 촛대처럼 서있다. 섬 주변 해안에 노출된 바위는 갯바위처럼 날카롭게 뜯겨진 것도 있지만, 둥글면서 거대한 바위가 바다까지 내려와 있기도 하다. 다른 섬에서는 좀처럼 찾아볼 수 없는 독특한 풍광이다. 낮은 절벽마다 주황색 주둥이를 가진 검은머리물떼새들이 제법 점잖게 앉아 있다.

이밖에도 인근의 무인도 선단여와 자라섬은 멀리서 바라보아도 빼어난 풍광을 자랑한다. 선단여는 이룰 수 없는 사랑을 한 남매의 전설을 간직한 절벽으로 이뤄진 섬으로, 3개의 깎아지른 암벽이 마치 삼지창 형상으로 서있다. 각도에 따라 봉우리는 하나로, 둘로, 셋으로도 보인다는데, 굴업도 어디서 바라보아도 선단여는 3개의 봉우리가 뚜렷하다. 드나들기 불편해서 손이 닿지 않았고, 손이 닿지 않아서 남겨졌던 섬, 굴업도. 그렇게 남겨졌던 섬에 곧 세련된 리조트와 골프장이 들어서게 된다는 소식에 아쉬운 마음이다.

가는 길

POINT 덕적도로 들어가려면 인천에서 배를 타고 덕적도까지 가서 다시 굴업도 가는 배로 갈아타야 한다. 인천 연안여객선 터미널에서 덕적도 진리까지는 쾌속선으로 50분~1시간, 일반선으로 3시간 남짓 걸린다. 쾌속선은 편도 2만 1900원, 일반선은 1만 2100원. 여기서 다시 문갑도-굴업도-백야도-울도-지도를 도는 완행 여객선 나래호로 갈아타야 한다. 덕적도에서 굴업도까지는 1시간 남짓. 그러나 되돌아올 때는 굴업도에서 덕적도로 바로 나오지 않고 백야도-울도-지도를 거쳐 돌아 나오게 되므로 2시간 40분쯤 걸린다. 물때에 따라 한 달에 4번 쯤은 나래호가 거꾸로 지도-울도-백야도-굴업도-문갑도를 거쳐 운행하기도 한다. 인천항에서 당일로 굴업도로 들어가려면 오전 8시에 출항하는 일반선 '대부고속훼리5호'를 타거나, 오전 9시 30분에 뜨는 쾌속선 '코리아익스프레스'를 타야 한다. 덕적도에서 굴업도까지는 오전 11시 30분에 한번 운항하는 나래호를 타야 한다.

스무 번째 코스

늦가을 물 안개 두른 반야의 길, 반야사 숲길

월류봉 일대

"충북 영동 땅을 가장 아름답게 만드는 건, 금강으로 흘러내리는 실핏줄 같은 물길들입니다. 그 물길의 계곡을 따라 늦가을의 한복판으로 아름다운 오솔길이 이어집니다. 늦가을의 촉촉한 물안개를 두른 수묵화 같은 정자도 있습니다. 낙엽이 융단처럼 깔린 강변의 너른 숲도, 물굽이를 따라 흘러가는 도로도 모두 금강 상류의 물길이 빚어내는 경관입니다. 저물어가는 만추(晩秋)에 충북 영동 땅에서 흐르는 것들, 흘러간 것들을 찾아갑니다."

늦가을의 한복판으로
걸어 들어가는 길

늦가을의 한복판으로 걸어 들어가는 아름다운 길이 충청도와 경상도의 경계에 숨어있다. 길의 실타래 한쪽 끝은 둥글게 휘감은 물길을 마당 삼은 충북 영동의 절집 반야사. 반대쪽 실의 끝이 경북 상주의 옥동서원이다. 충청도와 경상도를 넘나드는 이 길은 금강 상류의 물길을 따라 줄곧 이어진다. 그 물길을 두고 영동 쪽에서는 석천이라고 했고, 상주 쪽에서는 구수천이라고 불렀다. 계곡을 끼고 이어지는 5.6km 남짓의 길 대부분이 놀랄 만큼 순하다. 길에 유리판을 깔고 구슬을 가만히 올려놓는다면 앞으로도, 뒤로도 구르지 않을 듯하다. 낙엽이 깔린 그림 같은 계곡 풍경을 끼고 걷는 내내 물소리와 새소리가 따라온다. 경관이 그윽하고, 걷기 또한 편안하니, 견줄만한 다른 길이 쉽게 떠오르지 않을 정도다.

솔직히 말하자면 본래 '길'이 아니라, 반야사를 찾아갔던 길이었다. 길을 만난 건 반야사 초입에서였다. 절집 앞 물이 가둬진 보(堡)의 수면에 찍힌 단풍빛을 감상하다가 화살표가 그려진 낯선 팻말을 만났다. '둘레길'. 무엇의 둘레라는 얘기도 없다. 밑도 끝도 없이 그냥 '둘레길'이다. 기대는 없었다. '길의 들머리만 보고 되돌아 나가자'라는 생각으로 들어섰지만 되돌아오지 못했다. 물길을 끼고 이어지는 오솔길의 그윽한 정취와 전봇대 하나 없이 숲과 물로 이어지는 경관, 차고 맑은 물소리 사이로 잠깐 잠깐 끼어드는 새소리…. 그 길을 다 걷지 않고 돌아나간다는 건 불가능한 일이었다. 그렇게 한 시간 반 정도를 걸어 길 끝의 상주시 모동면 수봉리에 닿았다. 충청도에서 시작한 길이 경상도에서 끝난 셈이었다.

'팔경'의 으뜸,
월류봉과 송호리

반야사를 끼고 흘러내린 석천의 물은 우매리를 지나서 금강의 지류인 초강천에 보태진다. 초강 천변에는 영동을 대표하는 명승지 월류봉이 있다. 영동 땅의 금강 상류가 빚어내는 또 하나의 절경이다. 초강천의 물길이 절벽을 크게 굽이친 자리에 솟은 월류봉은 '한천팔경'의 제1경으로 가장 압도적인 풍경을 보여준다. 월류봉의 경관을 완성하는 건 정자다. 몇 개의 봉우리 중 가장 앞쪽의 봉우리 끝에다 지난 2006년에 세운 정자는 마치 화룡점정 같다.

대개 자연에다 손을 대면 경관을 흩뜨리기 십상인데, 이곳의 정자는 오히려 근래에 지은 정자가 자연의 경관을 훨씬 더 빛나게 한다. 날렵하게 들어선

월류봉 아래 월류정

정자, 봉우리 아래를 굽이치는 초강천의 푸른 기운, 아름드리 감나무에 매달린 붉은 감, 주위를 노랗게 물들이는 단풍까지 한데 어우러진 가을은 월류봉이 가장 아름다운 시간이다.

'달이 머물다 간다'는 이름에 걸맞게 월류봉은 보름밤의 경관을 으뜸으로 치는데, 가을에는 이른 아침의 경관이 훨씬 더 낫다. 낮과 밤의 일교차가 큰 늦가을 무렵이면 월류봉에는 자주 아침 안개가 자욱하게 피어 오른다. 초강천의 물이 피워올린 안개가 산허리에 걸려서 아침 햇살을 받아 황금빛으로 달궈지면 비현실적인 시간 속으로 들어온 듯 느껴진다. 잘 설명할 수는 없지만, 월류봉은 다른 명승지의 경관과는 종류가 다르다. 풍경을 이루는 선과 여백이 깊고 묵직하다. 굵은 붓질로 그려낸 동양화를 보는 듯도 하고, 수석을 감상하는 것 같기도 하다.

초강천의 물길이 금강에 합쳐져 흘러내리면서 빼어난 경관을 만든 또 한 곳이 송호리다. 영동 땅에는 훌륭한 여덟 곳 절경을 이르는 '팔경'이 두 개나 있다. '한천팔경'의 제1경이 월류봉이라면 '양산팔경'의 제1경은 바로 송호리 솔숲이다. 이 솔숲은 400여 년 전쯤 황해도 연안부사를 지낸 박응종이 벼슬에서 물러나 소나무를 심어 여생 동안 돌보아 조성한 곳이다. 그러나 아쉽게도 이때 심어진 소나무는 일제강점기에 철도 침목으로 쓰기 위해 거의 모두 베어지고 말았다. 지금의 소나무는 그 이후에 가꾼 것이지만 그래도 수령 100년 남짓한 아름드리로 자라 울울(鬱鬱)한 숲을 이루고 있다.

송호리는 구불구불 휘어져 자라는 노송들도 일품이지만, 강변을 따라 심어진 활엽수들의 단풍도 그에 못지않다. 강변 가득 수북하게 쌓인 낙엽과 오리 떼 날아오르는 강변이 늦가을의 정취를 빚어낸다. 송호리에는 캠핑장이 조성돼있으나 11월부터 이듬해 3월까지는 문을 닫는다. 캠핑족들에게는 아쉬운 일이겠지만, 송림과 낙엽길을 산책하는 데는 번잡스럽지 않아 더 낫다.

금강의 물길을 따라
차로 달리다

금강의 물길은 영동 땅을 지나며 내내 천변의 아름다운 길을, 그림 같은 정자를, 울창한 송림을 지나며 흘러간다. 영동을 여행한다는 건 묵묵히 흐르는 물길을 따라가기도 하고 혹은 거슬러가기도 하면서 길을 잇는 일에 다름아니다.

송호리 앞을 지난 금강은 이내 금산 땅으로 넘어가는데, 이 구간의 강변 풍경은 길을 따라가면서 볼 수 있다. 송호리에서 나와 68번 지방도로에 오르면 금강을 바짝 끼고 달릴 수 있다. 아직 마지막 녹색을 아쉽게 붙들고 있는 버드나무들과 억새가 햇볕에 반짝이고 있는 강변을 따라가는 길이다. 차량 통행이 많지 않은 이 길에 오르면 아름다운 강변 풍경에 누가 말하지 않아도 저절로 속도를 늦추게 된다.

금강의 물길은 굽이굽이 영동 땅을 굽어 흐르다가 이내 충남 금산 땅으로 접어든다. 금산으로 들어서자마자 잘 다듬어진 강변 유원지를 만나게 된다. 금강에서 잡히는 민물고기들로 끓여낸 어죽이나 도리뱅뱅이 등을 내놓는

식당들이 몰려있는 천내리다. 강변 풍경이 아름다워 산책로를 놓고 인공폭포까지 만들어놓은 곳이다. 강변을 끼고 걷는 4개의 도보코스도 다듬어져 있다. 강변 드라이브를 하다가 식사시간을 맞춰 이곳 천내리에 차를 세우고 식사를 한 뒤 가볍게 강변 산책을 즐긴다면 제격이다.

이쯤에서 살짝 귀띔하는 샛길 하나. 68번 국도를 따라 송호리에서 금산 방면으로 금강을 끼고 가다 보면 가선리를 만나게 되는데, 이곳에 강을 건너는 다리가 있다. 우회전해 이 다리를 건너면 장선리 임도로 연결된다. 임도의 가파른 경사를 한참 치고 오르면 마치 산정에 당도한 것처럼 사방으로 장쾌한 전망이 펼쳐진다. 이 길을 따라가면 붉은 감을 매단 감나무들이 서 있는 외딴 산간마을의 풍경과 능선 너머로 흘러가는 금강의 물길을 내려다볼 수 있다. 다만 임도가 좁고 가파른 편이어서 운전에 자신이 있고, 적당한 모험심이 있는 이들에게만 권한다.

가는 길

POINT 원천교에서 우회전하면 월류봉이 있다. 또한 금강을 따라가는 68번 국도를 드라이브 하려면 내비게이션에 '금산군 제원면 주민자치센터'를 입력하면 된다.

경부고속도로 황간 나들목으로 나가 우회전 → 마산 삼거리에서 용산 · 백화산 방면으로 좌회전 → 원천교 건너 좌회전 → 반야사

사진 왼쪽부터 시계 방향으로 반야사 문수전, 석천의 물길 주변 단풍, 절정으로 물든 단풍

스물한 번째 코스

하얀 현기증을 느끼는,
덕유산

"뽀드득 뽀드득. 푸른 여명 속에서 눈길을 오릅니다. 오직 눈밭에 찍히는 발자국 소리와 함께하는 길입니다. 아직 해가 뜨기 한참 전이지만 산길이 이어지는 눈꽃터널 안은 눈빛으로 온통 환합니다. 무주, 진안, 장수를 모아 일컫는 이른바 '무진장'의 지붕 덕유산. 우리 땅에서 네 번째로 높다는 그 산에 들어 무릎까지 빠지는 눈을 꾹꾹 딛고 오르는 길입니다. 지금껏 겨울 덕유산의 설경을 한번도 보지 못했다면, 겨울 여행의 진수를 아직 만나지 못한 겁니다. 신년의 서설이 쌓인 눈꽃터널을 지나 끝간 데 없이 눈밭이 펼쳐진 능선으로의 여행길을 위해 감탄사를 아껴두어야 할 것입니다."

겨울의 장엄한 정취를 만나러 가는 길,
덕유산

무진장(無盡藏). '무진(無盡)'이란 '다함이 없다'는 뜻이고, '장(藏)'은 창고를 뜻하니 글자 그대로 풀어보면 '다함이 없는 창고'라는 뜻이다. 그 '무진장'의 한복판에 무주가 있다. 무주와 진안, 장수는 한겨울에 더욱 깊어지는 땅이다. 내륙의 산들이 가로막은 이들 지역은 겨울이면 혹한의 땅으로 변한다. 무진장의 추위가 단단하게 아름다움으로 뭉쳐 있는 곳, 그곳이 바로 덕유산이다. 이맘때 온통 눈을 뒤집어쓰고 있는 덕유산이 빚어내는 장엄함이란, 만나보지 못한 이라면 감히 짐작조차 못한다. 덕유산은 한발 한발 걸음을 더해 오를수록 점입가경의 풍광을 선사한다. 우람한 눈꽃터널의 화려함을 지나 철쭉의 관목이 눈으로 뒤덮인 능선의 웅장함을 만나고, 눈 덮인 산자락을 이리저리 빠르게 넘나드는 운무까지 마주친다면 '겨울이 빚어낸 최상의 풍경'과 마주하고 있다고 해도 과언이 아니다.

덕유산의 설경은 눈이 쌓여 이루는 '화려한 치장'만을 보여주는 것이 아니다. 그곳에서는 '시간의 깊이'를 느낄 수 있다. 향적봉을 오르는 길에서, 중봉을 향하는 길에서 만나게 되는 수많은 고사목들은 스스로 지나온 시간을 증명한다. 살아서 1000년, 죽어서 1000년, 넘어져서 또 1000년의 시간을 보낸다는 주목의 나뭇결을 따라 하얗게 상고대가 피어났다. 산 나무든, 죽은 나무든 가릴 것 없이 한데 어울려서 순백의 세상을 이루고 있는 것이다. 흰 입김을 뿜으며 그 순백의 장엄함 앞에 선다. 이런 순간을 만날 수 있다는 것이 바로 겨울 덕유산을 오르는 가장 큰 이유이다.

눈 덮인 능선을 따라 피어나는 운무

덕유산은 최고봉인 향적봉이 해발고도 1614m로 남한 땅에서 네 번째로 높다. 무주구천동에서 출발해 백련사를 거쳐 정상에 닿으려면 족히 대여섯 시간은 허벅지까지 푹푹 빠지는 눈밭에서 땀깨나 흘릴 것을 각오해야 한다. 그러나 무주 덕유산리조트의 곤돌라를 타고 오른다면 20분 남짓이면 정상인

향적봉에 닿게 된다. 고된 발품 없이 산정에 올라 순백의 화려한 눈꽃 풍경을 대하노라면 공연히 송구스러운 느낌마저 든다.

겨울 덕유산이 선사하는 아름다움은 눈꽃에만 있지 않다. 덕유산은 향적봉을 중심으로 해발고도 1300m를 넘나드는 거대한 능선을 이룬다. 이 능선이 남서 방향으로 무려 30여 ㎞가 넘는다. 능선을 딛고 서면 지리산을 위시한 일대의 산들이 다 건너다 보인다. 겨울의 매서운 칼바람이 몰고 다니는 운무는 이런 풍경들을 더욱 극적으로 만든다. 덕유 일대의 봉우리들은 물론이거니와, 멀리 지리산 천왕봉이 정점으로 겹겹이 이어지는 푸른 능선을 따라 운무가 몰려다니는 모습은 탄성을 자아내게 하기 충분하다. 한꺼번에 밀려온 운무가 주위의 풍광을 다 지웠다가 일순간 벗겨지면서 짙푸른 하늘이 드러날 때의 감동이라니!

덕유산의 구름과 안개는 예부터 유명했던 모양이다. 하기야 운무가 순식간에 주변 풍광을 가렸다가 토해 놓는, 천변만화의 모습 앞에서 누구든 감격하지 않을 수 있을까. 500여년 전 거창군 북상면 사람인 갈천 임훈. 그가 승려

혜웅과 함께 덕유산 향적봉을 올랐다. 그는 기행문 '등덕유산향적봉기'에서 "모든 산의 바깥과 안이 이곳에 있을 뿐"이라고 했다. 그러고는 "그 모양이 갑자기 변하는 것은 아름다운 구름이고, 멈추어 변하지 않는 것은 과연 산인데 하물며 그 이름과 지명을 다시 분별할 수 있겠는가"라고 썼다. 500년 뒤의 덕유산 풍광도 그의 말 그대로다. 눈꽃 핀 능선을 휙휙 지나는 구름들이 일대의 산을 가렸다가 토해 놓고, 다시 가렸다가를 반복한다.

적상산
그리고 와인과 얼음축제

지금이야 무주의 산이라면 덕유산을 떠올리지만, 예전에는 적상산을 더 쳐줬던 듯하다. 해발고도나 산의 크기는 덕유산에 어림도 없지만, 적상산은 웅장한 병풍바위를 허리춤에 휘감은 자태부터가 범상찮다. 범접할 수 없는 입지와 영험한 기운으로 적상산 정상에는 일찌감치 조선왕조실록을 보관하는 사고(史庫)가 세워졌다.

적상산은 양수발전소가 들어서면서 산 정상까지 포장도로가 나있다. 그러나 겨울에는 출입이 통제된다. 눈도 눈이지만, 도로쪽으로 흘러내리는 물이 꽝꽝 얼어붙어 차량 통행이 불가능하기 때문이다. 적상산으로 이어지는 길은 무주 와인터널까지만 열려 있다.

와인터널은 양수발전소를 건설하면서 상부댐과 하부댐을 수로로 연결하기 위해 조성된 작업터널을 와인을 테마로 해 관광명소로 개발한 곳. 이곳에서는 무주 일대에서 빚는 다섯 종류의 머루와인을 맛볼 수 있다. 그러나 와인을 맛보려면 와인동굴보다는 직접 와이너리를 찾아가는 편이 더 낫다. 무주의 와이너리로는 적상산 등산로 초입의 산들벗을 추천한다. 산들벗에서는 '마지끄무주'란 이름의 머루와인과 머루를 가미한 막걸리 등을 생산하고 있다. 별장과 같은 운치있는 통나무집을 시음장으로 쓰고 있는데, 이곳에서는 시중가보다 7000~8000원 이상 싼 가격에 와인을 구입해 창밖의 설경을 즐기며 편안하게 마실 수 있다.

여기다가 겨울 여정이라면 무주 반디랜드 내의 반디 별 천문과학관을 일정에 더하면 좋겠다. 무주 일대는 대기가 깨끗한 데다 다른 지역에 비해 빛 공해도 덜하니 별을 관측하기에는 더할 나위 없다. 800㎜ 반사망원경을 갖춘 천문과학관에서는 매일 오후 7시부터 9시까지 세차례 별자리 관측 체험 프로그램을 운영하고 있다. 무주읍 한복판을 흘러가는 남대천에서는 얼음축제가 개최된다. 이곳에 들러 꽝꽝 언 얼음판 위에서 송어낚시와 함께 전통썰매, 스케이트 등을 즐기는 것도 좋겠다.

가는 길

POINT 무주 덕유산리조트의 설천 리프트를 타면 설천봉까지 닿을 수 있다. 여기서 향적봉까지는 20분이면 도착한다. 향적봉에서 중봉까지 이어지는 구간의 설경이 가장 아름답다. 이른 아침에 오를 수록 아름다운 풍광을 마주할 수 있으니 하루 전날 향적봉에 올라 대피소(063-322-1614)에서 숙박하는 것도 좋다.

대전 · 통영간고속도로 → 덕유산 나들목으로 나가 좌회전 → 구천동 방향 → 치목터널 →과목리 사거리에서 우회전 → 727번 지방도로 → 무주 덕유산리조트

인생풍경 넷

시작

새로운 시작을 위한
출발선에 서다

상위마을

스물두 번째 코스

봄꽃 따라가는 남도길,
만폭대 아래 위안제

"봄꽃 여행의 행로는 '선(線)'으로 이어집니다. 때로 점(點)이나 면(面)에 머물 때 여행은 더 깊어지는 법이지만, 봄꽃을 따라가는 여정만큼은 꽃 향기를 좇아 소요하듯 선처럼 흘러야 제 맛입니다. 그 행로의 길잡이가 되는 건 바로 남도 땅에서 부드러운 굽이를 이루며 흐르는 섬진강입니다. 봄볕으로 따스해진 섬진강이 지리산 아랫마을 구례에서 광양과 하동을 굽이치면, 그 물길을 따라 계절도 흘러갑니다. 겨우내 쌓인 눈은 봄의 훈김에 녹아 섬진강으로 흘러 들었고, 강물을 빨아들여 촉촉해진 가지마다 봄꽃이 만발했습니다. 구례의 산수유는 절정을 향하고, 광양과 하동의 매화도 지천입니다. 봄꽃을 따라 더 멀리 여수까지 이어진 길 끝에서는 동백이 후드득 꽃을 떨구며 봄의 입구를 자처합니다. 남도의 가장 아름다운 봄날이 시작된 것입니다."

구례에서
봄꽃을 따라 출발하다

해마다 봄이면 '도리 없이' 다시 섬진강이다. 감히 어떤 곳이 봄날의 섬진강을 넘볼 수 있을까. 물고기 비늘처럼 반짝거리는 섬진강 청류를 따라가는 이른 봄꽃 구경에 견줄만한 봄맞이가 또 어디 있을까. 섬진강의 봄꽃이라면 우선 산수유와 매화다. 봄날 섬진강에 갔다면 산골마을을 휘감은 노란 꽃구름 같은 구례의 산수유만 보고 온다거나, 순백의 그윽한 향기를 뿜어내는 광양의 매화 하나만 보고 올 수는 없는 일이다. 매화와 산수유는 한 두름으로 엮인다. 최소한 섬진강 변에서는 그렇다. 본디 개화 순서로 따지면 매화 다음이 산수유지만, 이제는 도무지 순서가 없다.

꽃 향기를 따라가는 여행의 출발지점으로 삼기에 맞춤인 곳이 지리산 아래 전남 구례다. 구례의 봄꽃은 단연 산수유다. 산수유는 꽃 속에서 다시 꽃송이가 폭죽처럼 터진다. 꽃송이를 가만히 들여다보면 그 뜻을 금세 안다. 둥글게 뭉쳐 꽃술처럼 보이는 것 역시 꽃이다. 이 꽃이 봄볕에 속눈썹처럼 툭 터진다. 산수유 꽃은 가지에 듬성듬성 피어나 한 그루만으로는 볼품이 없지만, 아름드리 나무의 가지 끝에서 무리 지어 피어나면 흡사 파스텔로 그려낸 몽실몽실한 노란 구름과도 같다. 현란하게 피어나는 꽃이 향내가 없길래 망정이지, 노란빛에 걸맞은 향이라도 가졌다면 그 아찔함을 어찌했을까.

구례에는 샛노란 산수유로 꽃 담을 삼은 마을이 여럿이다. 자그마한 저수지를 끼고 있는 현천마을도, 유독 늙은 산수유가 많은 계척마을도 노란 산수유 하나만으로 꽃 대궐을 이룬다. 하지만 구례에서 가장 대표적인 산수유의 명소는 바로 산동면 상위마을 일대다. 구례로 산수유 꽃을 보러 간다면 십중팔구 상위마을을 찾게 된다. 지리산 만폭대 아래라 해발고도가 높아서 꽃은 닷새쯤 늦지만, 푸른 이끼의 돌담과 맑은 개울을 끼고 피어나니 그 정취가 그만이다. 산수유는 저 홀로 피어난 것보다 사람 사는 마을의 오래된 돌담에 피어나야 제 맛이다. 저 홀로 숲을 이뤄 피었을 때보다 돌담 골목과 집들을 휘감으며 어우러져 피어난 마을의 산수유 꽃이 더 아름답기도 하거니와 산수유 농사란 게 난리통에 산중으로 밀려난 주민들의 생계와 바꾸던 더없이 고된 노동이어서 그렇기도 하다.

지리산 만폭대 아래서 만난 봄날의 설경

지리산 만폭대 아래 상위마을에서 이른 봄날에 만날 수 있는 최고의 호사라면 산수유 꽃과 흰 눈이 어우러지는 풍경이다. 상위마을에는 때아닌 봄눈이 내리는 날이 드물지 않다. 마을 뒤편 지리산의 서부능선은 완연한 봄날에도 자주 순백의 눈을 이불처럼 덮고 있다. 산 아래쪽의 산수유 꽃잎에 봄비가 동그르르 구를 때면 어김없이 지리산 만폭대의 능선은 온통 눈부신 겨울의 설산이 된다. 노란 꽃과 흰 눈이 한데 어우러지는 풍경이 펼쳐 보여주는 건 낯선 미감이다.

이런 날이면 카메라를 든 이들이 상위마을 아래 서시천의 물길이 흘러내리는 반곡마을 쪽으로 모여든다. 서시천의 물길을 따라 만발한 노란 산수유 꽃과 그 너머 지리산의 설경을 한 장의 사진 안에 담기 위해 눈 소식을 기다렸던 이들이다. 산수유 꽃과 설경은 카메라 없이 눈으로만 바라봐도 감탄사가 절로 나는 풍경이다. 하지만 더 근사한 설경은 마을 위쪽의 저수지 위안제에서 만날 수 있다. 눈이 내리면, 지리산에서 내려온 맑은 물을 가둔 위안제 주변의 숲은 온통 설국이 된다. 눈으로 덮인 숲과 일대의 전경이 진즉 얼음이 풀린 저수지의 수면 위로 데칼코마니처럼 선명하게 찍히는 모습은 탄성을 자아내기에 한 치도 부족함이 없다. 눈이 그치고 햇볕이 들면 가지에 얹힌 눈들이 풀썩거리며 떨어져 이내 녹아 사라지고 말 풍경이어서 더 감동적인지도 모르겠다. 상수원 보호구역으로 엄격하게 통제되는 것이 아쉽긴 하지만 울타리 너머로 바라본 풍경이 마음속에 도장처럼 찍혀서 오래도록 지워지지 않는다.

광양의 매화가
저마다 품은 색깔들

봄꽃을 따라가는 여정에서 산수유 다음 순서는 매화다. 구례의 들판을 굽이쳐 흘러온 섬진강은 화개장터쯤에서 경상도와 전라도의 경계가 된다. 섬진강을 경계로 북쪽이 경남 하동 땅이고, 남쪽은 전남 광양 땅이다. 구례에서 흘러온 섬진강 물길의 양 옆으로 두 개의 길이 나란히 이어진다. 하동 쪽으로 난 북쪽 길이 19번 국도이고, 광양 쪽으로 난 남쪽 길은 861번 지방도로이다. 팝콘처럼 터진 매화를 보겠다면 하동 쪽보다는 광양 땅의 861번 지방도로를 따라가는 게 옳은 선택이다.

위안제

섬진강을 따라 길을 가다 보면 같은 매화라도 저마다 빛깔이 다르다는 걸 알 수 있다. 백 매화와 홍 매화는 색만으로 확연하게 차이가 나고, 중간 색조의 고운 분홍빛 매화도 구분이 쉽다. 하지만 같은 백 매화라도 꽃받침이 붉은색인 것과 녹색인 것 두 가지가 있는데, 꽃받침의 색 때문에 꽃의 빛깔이 미묘하게 다르다. 같은 백 매화도 붉은 꽃받침의 꽃은 설명할 수 없는 붉은 기운이 느껴지고, 초록 꽃받침은 푸른 기운이 감돈다.

광양에서 매화가 가장 흐드러진 곳이 바로 섬진강 변의 청매실 농원이다. 1만여 그루가 넘는 매화나무가 그득한 청매실 농원은 매실을 거두는 농원이지만, 정작 거두는 매실보다는 맑은 백 매화의 정취와 잘 다듬어낸 조경을 더 소중하게 생각하는 곳이다. 일찌감치 관광객들이 몰려들었음에도 농원

섬진강변 하동의 차밭

주인은 단 한 번도 입장권을 팔겠다는 생각을 해 본 적도 없고, 봄나물과 묘목을 가져다 좌판을 펴는 동네 할머니들도 기꺼이 농원 안으로 품어 자리를 내준다. 그 바람에 농원 아래 도로변에는 장사꾼들이 모여들어 트로트를 소리 높여 틀어놓고 술이며 안주 따위를 팔고 있어 영 소란스럽긴 하지만 그래도 장독대 너머로 섬진강이 펼쳐지는 농원 안으로 들면 매화의 그윽한 향과 대숲의 청량함을 맛볼 수 있다.

매화가 품은 정취의 삼분의 일쯤은 향기로 맡아야 한다. 매화 향은 부드럽고 은은하지만 그 내음이 흐릿하지 않고 명료하다. 관심을 두지 않으면 매화 꽃 터널 속에서도 향을 맡을 수 없지만, 조금만 집중하면 코끝을 스치는 달큼한 내음만으로 주변에서 매화를 찾아낼 수 있을 정도다. 매화의 향기를 일러 '암

향(暗香)'이라고 부르는 건 아마도 이런 이유 때문이지 싶다.

먹점마을 매화,
고소산성에서 본 섬진강

광양에서 섬진강 건너편은 경남 하동이다. 하동에서 섬진강을 따라가는 19번 국도는 우람한 아름드리 벚꽃의 터널이다. 벚꽃은 아직 멀었어도 하동에는 초록의 차 밭이 있다. 섬진강 변까지 주르륵 흘러내려온 차 이랑과 한데 어우러지는 하동의 백 매화는 광양의 매화와는 느낌이 또 다르다. 하동은 광양보다 매화가 띄엄띄엄 하지만, 지리산 자락 깊숙이 들어가면 광양 못지않은 매화마을이 있다.

그 중 대표적인 곳이 지리산 자락 구제봉 중턱에 자리 잡은 산간마을이다. 이 곳 먹점마을에 피어나는 매화는 강 건너 광양 농원의 매화와는 달리 휘어진 흙 길과 오래된 집, 다랑이 밭과 자연스럽게 어우러진다. 먹점마을은 구제봉의 가파른 능선을 힘겹게 치고 올라가는 해발 400m 고지에 있다. 황토흙을 이겨 바른 집이 있고 오래된 돌담이 있는 마을에서는 오래 전 산골마을의 정취가 오롯하다. 이곳의 매화는 대부분 토종. 개량종처럼 꽃이 다닥다닥 피지 않아 화려하진 않지만 빈 화선지에 드문드문 찍어낸 물감이 번지듯 마을 주변에 화르르 피어난다. 먹점마을로 오르는 길에서 가장 인상적이었던 건 붉은 기운의 꽃받침으로 꽃잎이 발그레한 매화들이 한쪽 경사면을 따라 가득 피어난 모습이었다.

하동에서 봄날의 으뜸가는 명소로 꼽히는 곳은 소설 '토지'의 무대를 재현한 최참판 댁이지만, 사실 따지고 보면 최참판 댁은 세트장에 불과하다. 그보다 하동에서는 형제봉 자락의 한산사에서 바라보는 악양의 들판 풍경과 고소산성을 더 추천한다. 악양 들판의 보리밭은 띄엄띄엄하고 아직 논과 밭은 비어 있지만, 봄이 더 무르익어 자운영이 피어날 무렵이면 들판 한가운데 두 그루 소나무가 어우러지면서 가장 아름다운 들판을 보여준다. 산도 아니고 강도 아닌, 들판이 이렇듯 아름다울 수 있음이 새삼스럽다. 한산사 위쪽에는 가야 시대의 산성인 고소산성이 있다. 한산사에서 제법 가파른 산길을 따라 20분 남짓을 걸으면 산성에 오를 수 있다. 고소산성이 빼어난 건 거기서 섬진강의 물굽이와 악양의 들판을 함께 바라볼 수 있기 때문이다. 산성에서 보는 섬진강은 화려하거나 빼어나지 않다. 오히려 수더분하고 밋밋하다. 사실 그게 섬진강이다. 이렇게 멀리 물러나서야 비로소 섬진강이 오래된 강의 원형을 그대로 간직하고 있음을 알게 된다.

오동도의 동백
그리고 봄의 맛

봄꽃 따라 나선 여정을 광양이나 하동에서 마무리하기에 아무래도 아쉽다면 전남 여수 쪽으로 길을 이어보는 건 어떨까. 이순신 대교가 놓이면서 광양에서 여수까지는 금방이다. 여수에는 봄날이면 동백꽃 후드득 떨어지는 오동도가 있다. 오동도의 어둑한 숲에는 동백나무 3000여 그루가 심어져 있다. 선홍 빛으로 불타는 동백은 가장 아름답게 피었다고 생각하는 순간 낙화하기 시작된다. 파도소리를 들으면서 모가지째 떨군 꽃으로 낭자한 숲길을 걷는 맛을 어디에다 비교할까.

동백 섬을 찾는 이들이 빠뜨리지 않는 곳이 오동도 등대다. 6 · 25전쟁 당시인 1952년 5월 처음 불을 켠 등대다. 본래 둥근 철근콘크리트 건물이었으나 지난 2002년 다시 27m 높이의 우람한 팔각형 등대로 세워졌다. 엘리베이터를 타면 단숨에 남해바다의 전경이 한눈에 펼쳐지는 전망대까지 오를 수 있다. 등대까지 갔다면 등대주변의 해장죽 숲 터널을 꼭 걸어보자. 척척 휘어진 해장죽 터널을 걷는 기분은 동백 숲과는 또 다르다.

고소성 가는 길

가는 길

POINT 이른 봄 구례를 찾아간 날 눈발이 흩날린다면 그건 축복이다. 지리산 만폭대 아래 상위마을에서 맑은 물이 담긴 위안제의 그림 같은 설경을 만날 수 있으니 말이다. 산 아래쪽에 비가 내리는 날, 상위마을에는 눈이 내리는 경우가 많다.

순천 · 완주 고속도로 오수 톨게이트 → 구례 · 남원 방향 우회전 → 춘향로 → 19번 국도 → 산동교차로 → 산동 · 진리산 온천 방면 좌회전 → 지리산 온천로 → 상위 · 월계마을 방면으로 좌회전 → 산수유로길 → 하위길 방향으로 우회전 → 상위마을

스물세 번째 코스

사내의 거친 근육을 닮은 능선, 진도 동석산

"물고기의 등지느러미처럼 펼쳐진 능선에 섰습니다. 거기서 굽어본 바다와 간척지의 풍경도 풍경이지만, 암봉이 이루는 뼈대며 굵은 암맥들이 어찌나 힘차고 강렬하던지요. 유독 산이 많은 진도에는 늘어선 봉우리마다 건장한 사내의 팔뚝처럼 힘찬 암릉이 꿈틀거리고 있습니다. 진도의 바위 산들이 그려 내는 아찔한 벼랑과 굵은 지맥에서 그 섬이 지닌 '남성성'을 봅니다.
어디 산 뿐이겠습니까. 진도가 품고 있는 붉은 기운에서도 비장미 감도는 '남성'을 목격합니다. 낙조 무렵의 서쪽 하늘은 핏빛으로 붉고, 구릉을 따라 겨울 대파가 심어질 황토밭이 붉고, 구름이 내려온 운림산방 앞 연못에 심어진 배롱나무가 붉습니다. 가을의 초입에 그 붉은 자취를 따라 나섰습니다. 굵고 단단한 것들이 만들어 내는 '부성의 땅' 진도. 낙조의 붉은 기운에 젖어서, 역사의 핏빛에 젖어서 진도에 갑니다."

동석산의 위태로운 능선을 타고 암릉에 오르다

누구는 거대한 물고기의 등지느러미를 봤다 했고, 누구는 울부짖는 사자의 형상을 봤다고 했다. 설악의 용아장성을 가져다 놓은 것 같다는 이들도 있었고, 그 자체로 거대한 성곽이라는 이도 있었다. 전남 진도의 동석산. 산 하나가 그대로 하나의 암릉이다. 우뚝 솟은 회백색의 봉우리들은 세워 놓은 칼처럼 날카로운 바위 능선을 거느리고 있다. 거기 서면 누구든 주눅이 들고 오금이 저린다. 높이라야 고작 240m 남짓. 그러나 밑동부터 온통 바위로 이뤄진 섬 속의 산이라 체감고도는 해발 1000m를 훌쩍 넘는다. 아니, 위태로움이 주는 아찔한 공포와 웅장함이 주는 거대한 위압감으로 치자면 그보다도 훨씬 고도가 높다.

동석산은 진도에서조차 그리 알려진 산이 아니었다. 진도의 산이라면 단연 첨찰산과 여귀산이 맨 앞줄에 선다. 1976년 발간된 진도 군지(郡誌)에도 동석산은 이름뿐 심지어 해발 높이조차 나와 있지 않다. 아마도 그건 오랫동안 동석산이 '오를 수 없는 산'으로 남아 있었기 때문이리라. 동석산은 험준한 산세 때문에 최근까지도 '접근금지'의 아슬아슬한 공간이었다. 지금이야 아슬아슬한 바위에 난간을 대거나 밧줄을 매고, 문고리 모양의 손잡이를 박아 접근이 가능하지만, 이전에는 웬만한 강심장이 아니고서는 그 산을 오르기란 불가능했다. 등산로가 정비되기 전에는 까마득한 낭떠러지에 겨우 발 하나 디딜 칼등 같은 공간을 마치 외줄타기 하듯 건너야 했다. 깎아지른 벼랑에서 발 디딜 곳과 오름길을 모두 스스로 찾아야 했으니, 외지인들은 감히 엄두를 낼 수 없었다. 오래도록 그 산자락 아래 살아온 이들이라 해도 지형에 익숙하고 겁이 없는 한창 때의 동네 젊은이들만 암릉에 오를 수 있었다.

진도에서 건장한 사내의 팔뚝에 툭툭 불거진 힘줄 같은, 혹은 단단한 흰 뼈 같은 암릉이 이곳 동석산에만 있는 것은 아니다. 진도의 진산이라는 첨찰산도, 여귀산도, 진도대교를 넘자마자 만나는 금골산도 다 그렇다. 동석산만큼 날카롭거나 우람한 것은 아니지만, 진도의 산들은 죄다 능선 곳곳에 크고 작은 암릉의 이빨을 갖고 있다. 웬만한 섬들은 '모성'의 바다에 기대고 있어

'여성성'이 두드러지지만, 진도 땅만큼은 '남성성'이 드러나 보이는 것도 아마 이런 산세의 영향이 크기 때문이리라.

'천하 제일의 등산로'에서 내려다보는 장쾌한 조망

동석산은 종성교회 쪽에서도, 천종사 쪽에서도 오를 수 있다. 발가락 끝이 저릿저릿할 정도의 아찔함을 맛보겠다면 종성교회를 들머리로 삼아야 한다. 그러나 밧줄에 매달려 거의 수직의 벼랑을 오르며 칼날 같은 능선을 줄타기 곡예를 하듯 건너야 하는 이 길은 웬만해서는 말리고 싶은 코스다. 거대한 암봉을 머리에 이고 있는 천종사 쪽에서 오르는 코스는 최근에 정비돼 비교적 순하다. 암봉 등반에 익숙지 않다면 이 코스를 택하길 권한다. 두 길은 천종사 위쪽에 펼쳐진 종모양 암봉, 종성바위 부근에서 만나게 된다.

동석산의 매력이라면 힘줄처럼 툭툭 불거진 암봉의 짜릿함과 함께 능선에서 펼쳐지는 장쾌한 조망이다. 첫발을 내디딜 때부터 동석산과 석적막산의 능선을 따라가는 내내 어디에서든 고개만 들면 장쾌한 조망이 펼쳐진다. 시야

가 어찌나 거침이 없던지 마치 비행기를 타고 내려다보는 느낌이다. 들머리의 암릉에서는 봉암 저수지와 가을볕에 벼가 익어가는 간척지가 펼쳐지고, 그 너머로 팽목항이 아스라이 내려다보인다. 천종사에서 올라와 닿는 중업봉은 사방으로 탁 트인 조망의 특급 명소. 동쪽으로는 산으로 둘러싸인 봉암 저수지 뒤로 첩첩이 산자락의 능선이, 남쪽으로는 물골을 끼고 있는 너른 간척지가, 서쪽으로는 남해의 푸른 바다와 점점이 떠 있는 섬이 펼쳐진다. 북쪽으로는 가야 할 능선들이 마치 물고기 등지느러미처럼 펼쳐져 있다. 마침 연무가 끼어 확인하지는 못했지만 대기가 청명한 날이면 여기서 완도, 보길도, 구자도, 추자도, 우이도는 물론이거니와 흑산도와 제주도까지 볼 수 있단다.

동석산에서 석적막산을 지나면 등산로는 큰애기봉을 지나 진도의 낙조 명소인 세방 낙조 전망대로 내려간다. 종성교회에서 출발했다면 4시간 30분 남

급치산 낙조 전망대

짓, 천종사에서 출발하면 3시간 30분쯤 걸린다. 오후 나절 산자락에 올라 낙조 무렵에 맞춰 세방 낙조 전망대 쪽으로 내려선다면 더할 나위 없을 터다. 낙조 무렵에 석적막산에서 내려서도록 시간을 맞춘다면 진도군이 이 산길에다 '천하 제일 등산로'라는 이름이 붙인 이유를 비로소 알 수 있으리라.

더 붉고 비장하게 지는
해를 만나는 시간

진도에서 만나는 낙조는 다른 곳의 그것과는 사뭇 다르다. 바다로 지는 해야 서쪽에 바다를 두고 있는 곳이라면 어디든 볼 수 있지만 진도 세방리의 해넘이는 유독 선혈처럼 붉고 비장하다. 이처럼 세방리의 낙조가 유독 아름다운 데는 무슨 연유가 있을 터인데, 그게 설명이 잘 안 된다. 세방리 앞에 점점이 떠 있는 양덕도, 주지도, 장도, 소장도, 당구도, 혈도 같은 섬 때문인 듯도 하

지만, 그것만으로 유난히 붉고 처연한 색감을 빚어내는 이곳의 낙조를 설명할 수는 없다. 세방리의 낙조를 '우리나라에서 가장 아름다운 낙조'라고 정해준 기상청도 그 아름다움의 이유를 설명하지는 못했다.

관광객들은 대부분 세방리의 낙조를 '세방 낙조 전망대'라 이름 붙여진 전망대에서 맞이하지만, 굳이 전망대를 찾아가지 않아도 세방 해안 일주 도로인 801번 지방도로를 따라가면 지산면 가치리와 가학리 해안도로 어디에서나 낙조를 감상할 수 있다. 세방리의 낙조는 대기가 맑아지는 9월부터 12월 말까지가 최고의 절정이다. 낙조라면 이글거리는 해가 선명하게 수평선으로 잠기는 모습이 으뜸이라지만, 세방리의 낙조는 해가 구름 뒤로 숨어 버린다 해도 그 맛이 조금도 덜하지 않다. 오히려 해가 넘어가는 순간보다는 해가 다 떨어지고 난 뒤에 서쪽 하늘과 구름을 갖가지 색으로 물들일 때가 더 황홀하다. 그러니 해가 넘어간 뒤에도 자리에 남아서 지고 남은 빛이 어떻게 사그라지는지, 해가 진 뒤에 푸른 어둠이 어떻게 찾아오는지를 오래도록 바라볼 일이다.

해가 질 무렵이면 진도를 찾은 관광객들은 약속이나 한 듯이 세방 낙조 전망대로 모여드는데, 그런 번잡스러움이 싫다면 여기서 남쪽으로 3~4㎞쯤 더 내려가다가 만나는 급치산의 낙조 전망대를 찾아가는 편이 낫겠다. 급치산 정상의 군부대로 향하는 오름길 옆에 만들어진 급치산 전망대는 고도가 높아 다도해 경관과 함께 더 크고 장엄한 낙조를 볼 수 있다. 그럼에도 세방 낙조 전망대의 높은 명성에 밀려서인지 찾는 이들이 적다. 호젓하게 낙조 전망대의 난간에 기대서서 멀리 발아래 바다 위에 떠 있는 섬들과 그 섬 사이를 오가는 배들이 기울어 가는 해를 받아 온통 붉은빛으로 물들어 가는 순간을 마주하면 가슴이 절로 저릿저릿해진다.

가는 길

POINT 동석산은 암봉으로 이뤄져 있어 바닥이 미끄럽지 않은 등산화가 필수다. 물고기 등지느러미 형상의 바위를 딛고 가는 아슬아슬한 구간이 적지 않으니 조심해야 한다.

서해안고속도로 → 목포 톨게이트 → 목포대교 → 영암2교차로에서 우회전 → 영암방조제 → 49번 지방도 → 별암교차로 좌회전 → 구지교차로 좌회전 → 77번 국도 → 진도대교 → 18번 국도 → 진도읍사무소 앞 좌회전 → 진도공용터미널 앞 우회전 → 석교중학교 앞 우회전 → 인지리 삼거리 좌회전 → 종성교회

스물네 번째 코스

솔숲 너머 붉은 기운을 품은, 태안 운여 해변

"솔숲 너머의 바다를 뜨겁게 달구며 수평선으로 넘어가는 황홀한 낙조를 만났습니다. 이글거리는 해가 차가운 서해바다로 '치익'하고 잠기는 짧은 순간. 아는 사람은 압니다. 해가 다 넘어가고 난 뒤 붉은 기운이 남아있는 수면 위로 온 하늘이 푸르게 물드는 순간이 더 뜨겁고 화려하다는 것을 말입니다. 저물어가는 마지막 빛이 이리도 아름답습니다.
꽃지해변에서 병술만을 지나 황포항에 이르는 13km의 샛별길 코스, 황포항에서 시작해 운여 해변과 바람아래 해변을 지나 영목항을 잇는 16km의 바람길 코스를 다 걸었습니다. 너른 백사장을 교대하는 밀물과 썰물, 이른 아침 아무도 딛지 않은 백사장, 오후 햇살에 은박지처럼 반짝이는 바다, 불붙듯 뜨겁게 타오르는 황홀한 낙조, 바닷가 마을의 푸른 어둠까지. 저무는 것들의 아쉬움과 동행하는 고즈넉한 해변길 걷기를 한 해의 마지막 여정으로 권합니다. 한 치의 망설임도 없이…"

숨겨진 서해의
아름다움을 만나는 길

충남 태안에 '제주 올레길'에 버금가는, 바다를 따라 이어지는 도보코스가 있다. 근래에 지자체마다 경쟁적으로 조성한 수많은 걷는 길에 묻혀 억울하게도 그 진면목이 잘 알려지지 않은 길이다. 길의 이름은 상징도 비유도 없이 간명하다. '태안 해변길'. 태안의 북쪽 학암포에서 안면도 최남단 영목항까지 바다를 끼고 이어지는 전장 97㎞짜리 도보코스다. 워낙 긴 코스라 전체의 코스는 7개의 구간으로 나뉘어 3년 동안 차근차근 조성됐다.

도보코스들은 다 제 나름의 정취를 뽐내고 있지만, 안면도 꽃지해변에서 황포항, 황포항에서 영목항을 잇는 '샛별길'과 '바람길' 구간이야말로 '태안 해변길의 절정'이라 불러도 손색이 없다. '태안 해변길' 7개 구간에서 이 두 구간을 특히 앞세우는 것은 거기서 숨겨진 아름다움을 만날 수 있기 때문이다.

기왕에 조성된 태안 해변길의 구간이 학암포, 만리포, 몽산포 등 관광객들에게 익히 알려진 명소를 잇는다면, 새로 놓인 샛별길과 바람길은 외지인들의 발길이 거의 닿지 않은 안면도 서남쪽의 해변, 포구, 마을을 지난다. 운여 해변과 바람아래 해변, 옷점항의 포구마을, 가경주마을 등. 포구에 묶여 파도에 고개를 연신 끄덕이는 어선들과 갯일을 하는 바닷가 사람들의 삶 사이로 지나가는 길. 길은 줄곧 바다와 백사장의 경계를 따라 이어진다.

샛별길,
꽃지의 낙조와 거친 포말

태안 해변길에 새로 놓은 구간인 '샛별길'과 '바람길'은 안면도 서쪽 해안의 바다와 해안 모래톱 사이의 경계를 줄곧 따라간다. 먼저 '샛별길'부터 시작하자. 꽃지에서 황포항까지 13km의 구간. 꽃지해변은 안면도에서 가장 이름난

쌀썩은여 전망대에서 펼쳐진 해안 풍경

명소. 서해안 일대의 일몰 풍경 중에서 최고로 꼽는 것이 꽃지해변의 할미할아비바위 너머로 지는 낙조다. 하지만 언제나 이런 빼어난 낙조를 볼 수 있는 건 아니다. 꽃지해변은 해 질 무렵 썰물이 되는 날을 겨눠서 찾아가는 게 요령이다. 썰물로 드러난 해변과 바위가 해 질 녘 낙조의 빛을 받아 붉게 물드는 모습이 압권이기 때문이다. 반면 밀물로 바위 아래가 물에 잠긴다면 낙조의 풍경은 밋밋할 뿐이다. 꽃지해변의 일몰을 두고 누구는 '황홀했다'고 말하고, 누구는 '그저 그렇다'고 말한다면 그건 필시 해 질 무렵의 물때가 다른 날에 가서 보았기 때문이리라.

샛별길은 꽃지해변의 긴 해안선을 다 걷고 병술만으로 접어든다. 병술만은 내륙 깊숙이 밀고 들어온 바다가 마치 호수처럼 펼쳐지는 곳이다. 병술만을 지나 야트막한 구릉 너머 솔숲 길을 넘어가면 곧 샛별 해변이다. 해변의 이름이 '샛별'이라니 낭만적인 것처럼 보이지만, 실상은 해안 사이에 뻘이 있

다고 해서 '샛뻘'로 불리던 것을 마을 주민들이 '샛별'이라고 고쳐 불렀다. 샛별 해변은 이웃한 꽃지해변의 명성에 밀려 여름 한 철을 빼고는 찾는 이들이 거의 없는 해변. 그러나 거의 일직선의 해안을 따라 썰물이면 광활한 백사장이 드러나는 곳이다. 해변을 지나 다시 숲길로 접어들면 곧 '쌀썩은여' 전망대다. 쌀썩은여는 조류가 빠르고 파도가 거세 세금으로 거둔 쌀을 싣고 가던 배들이 자주 좌초해 붙여진 이름. 그러나 배가 좌초한 건 이쪽 바다가 거칠었기 때문만은 아니었다. 세금으로 거둔 쌀을 높고 낮은 벼슬아치들이 순서대로 빼돌려 배가 이곳에 이르렀을 때는 거의 텅 비어 일부러 배를 침몰시키곤 조정에 '곡식을 잃었다'고 거짓 보고를 했다고 전해진다.

쌀썩은여 전망대에서는 잘 발라놓은 생선뼈처럼 드러나는 갯바위와 봉긋하게 솟은 작은 섬 망재가 내려다보인다. 망재는 고기잡이 나간 남편을 기다리던 아낙네들이 그 위에 올라 바다를 굽어보던 자리. 망재 뒤편에는 아늑한 동굴이 있는데 썰물 때 갯바위로 내려서 걸어 들어갈 수 있다.

바람길에서 만난
가장 서정적인 낙조

황포항에서 안면도 최남단인 영목항까지의 '바람길' 구간에서는 다채로운 경관을 두루 만날 수 있다. 빼어난 해안 풍경은 물론이거니와 갯일을 하는 어부들과 단단한 백사장을 달리는 경운기, 아늑한 해안마을, 쇠락한 포구를 관통해 지나간다. 그리고 외지인은 물론 섬사람들에게도 알려지지 않은, '안면도 최고'라 할 수 있는 낙조 풍경을 만날 수 있는 비밀스러운 해변도 있다.

꽃지해변 할미할아비바위

바람길에서, 아니 태안 해변길 전체에서 첫손으로 꼽을만한 풍경을 만날 수 있는 곳이 운여 해변의 방파제 남쪽 끝. 소나무를 가지런히 심어둔 운여 해변의 방파제는 수년 전쯤 한쪽 끝이 파도로 끊기고 말았다. 밀물 때면 방파제 너머로 밀려든 바닷물이 백사장 안쪽에 자그마한 호수를 만들어내는 건 그 때문이다. 낙조 무렵 밀물이 들 때 그 호수 앞에 서면 잘려진 방파제가 마치 솔섬처럼 떠오르는데 그 뒤로 붉은 해가 넘어가는 모습이 단연 압권이다. 여기서 만나는 낙조풍경의 진짜 절정은 해가 다 지고 난 뒤부터다. 호수처럼 가둬진 물 위로 솔섬과 푸른 어둠의 하늘이 또렷하게 반영되는데, 맑은 날이면 진청색 하늘에 흰 달과 별이 말갛게 걸린다. 해가 지고 푸른 어둠이 다가오는 시간까지 펼쳐지는 풍경은 어찌나 서정적인지 가슴이 다 뭉클해진다.

운여 해변을 지나면 장삼포와 장곡해변을 거쳐 바람아래 해변이다. 운여 해변에서 여기까지 전망대만 5곳. 그만큼 경관이 빼어난 곳이다. 전망대 중에서는 바람아래 해변을 내려다볼 수 있는 자리가 좋다. 바람아래 해변을 지나 옷점항의 조개부리마을에서 소박한 벽화 골목을 기웃거려도 좋겠고, 가경주 마을로 이어지는 해안길을 걸으며 빼어난 전망을 즐겨도 좋겠다. 그리고 나면 이내 태안 해변길의 종착점인 영목항이다. 관광객들로 북적이며 번성하는 안면도 위쪽의 항구와는 분위기가 사뭇 다르다. 외지인들의 발길이 뜸한 영목항 일대는 10년 전이나 지금이나 별다를 게 없을 정도로 누추하다. 하지만, 한 해의 끝에서 저무는 시간의 아쉬움으로 걷는 여정의 종착지라면 오히려 이런 쓸쓸한 풍경이 더 맞춤 하리라.

가는 길

POINT 해변 길 도보코스는 태안 만리포 위쪽으로 3개 구간이 있고, 몽산포에서 안면도 영목항까지 4개 구간이 있다. 최근 새로 놓은 구간 중에서 추천할 만한 코스가 꽃지에서 황포까지의 '샛별길'과 황포에서 영목항까지의 '바람길'이다.

서해안고속도로 홍성 나들목 → 갈산교차로에서 좌회전 → 상촌교차로에서 좌회전 → 96번 지방도로 → 서산 A지구 · B지구 방조제 → 원청 사거리에서 77번 국도로 좌회전 → 안면도 → 꽃지해변

스물다섯 번째 코스

비포장 길을 따라 느리게 지나가는, 충주호

"5만 분의 1 축적의 지도를 샅샅이 짚어보다가, 그 길을 찾아냈습니다. 충주호를 바짝 끼고 돌아가는 비포장 도로. 가늘게 끊길 듯 이어진 길을 연필로 이어가면서 가슴이 쿵쿵 뛰었습니다. 사람들의 발길이 덜 닿은 흙 길과 물길을 따라 아주 천천히 달렸습니다. 비포장도로의 미덕은 아마도 '속도를 내지 못한다는 것'에 있지 않나 싶습니다. 우선 길에 다니는 차들이 거의 없습니다. 느린 속도로 달려도, 길 복판에 차를 세워도 누구 하나 뭐랄 사람이 없습니다. 이렇게 느리게 달리면 봐야 할 것들을 차분하게 볼 수 있습니다. 숲과 물이 어우러지는 곳에서는 석양을 마주보고 낚시꾼들이 세월을 낚고 있습니다. 이런 풍경은 비포장길이 아니고서는 만날 수 없습니다.
앞으로 구불구불한 길이 직선으로 뚫리고, 좁은 길은 넓어지겠지요. 딱 그때까지만 허락된 길입니다. 그 길을 되도록 천천히 달려 보세요. 길이 곧 목적지가 되는 드라이브 여행에서, 덜컹거리며 '느리게 간다'는 것이 얼마나 기분 좋은 것인지 알게 될 겁니다."

길을 막아선 '경고문'앞에서
그 경고를 무시하다

충북 제천시 금성면 월굴리에서 청풍면 후산리까지 달리는 지방도 532호선. 여기서부터 충주호 최고의 드라이브 코스의 첫 구간이 시작된다. 길에 들어서자마자 숲 깊숙이 들어온 호수의 푸른 물을 만났다. 가까이서 내려다보는 호수의 물빛은 진초록 빛이다. 도로는 포장공사 중이었다. 월굴리쪽 도로에는 이미 경계석이 놓여졌고, 비탈 사면에는 낙석방지 펜스가 세워지고 있었다. 공사가 한창인 도로 옆으로 경고문이 서있었다. 경고문에는 '협소한 비포장 도로로 급커브가 많아 승용차량의 통행이 어려운 도로'이므로 '각별히 주의해달라'는 당부의 말을 적어놓았다.

핸들을 잡은 손에 힘이 갔다. 그러나 경고문과는 달리 길은 유순했다. 비포장길이라고는 하지만, 좀 과장해서 말하자면 잔돌들이 흩어져 있는 것 외에는 포장 도로와 큰 차이가 없을 정도였다. 승용차로 무리 없이 지날 수 있을 정도다. 길이 좀 좁긴 했지만, 마주 오는 차와의 교행도 쉬웠다. 대신 운전 중에 주의해야 할 이유가 있다면 그건 '풍광'때문이었다. 굽이굽이 비포장길을 돌면서 펼쳐지는 호수의 풍경에 눈을 뺏기기 쉬웠다. 길섶으로 피어있는 구절초며 억새가 펼쳐지는 모습에도 자주 눈길이 갔다. 경고문을 바꿔 써 붙여야 하지 않을까 싶었다. '이 도로는 아름다운 풍광이 많아 자칫 운전을 소홀히 할 수 있으므로, 각별히 주의해달라'는 정도면 적절하지 않을까.

낚시꾼들이 몰래 숨겨두고 보는 정취,
월굴리-후산리

월굴리에서 후산리까지의 길을 먼저 오간 것은 낚시꾼들이었다. 충주호반의 낚시터들은 모두 그쪽에 모여있었다. 마치 리아스식 해안처럼 구불구불 물이 들어온 곳마다 그림처럼 좌대들이 떠있었다. 한때 대물을 꿈꾸던 낚시꾼들로 북적이던 곳이라는데, 요즘은 인기가 시들해져서 한갓지다. 길은 야트막한 구릉을 넘으며 물 옆을 스쳐 지나간다. 구릉 위에서는 멀리 바다처럼 펼쳐진 호수가 16대 9 비율의 대화면처럼 펼쳐진다. 남해 어디의 다도해를 내다보는 것 같은 느낌이다.

구릉 아래 물 가까이서는 미루나무 숲 사이로 가을빛에 물든 나무들이 물위로 그림자를 선명하게 투영해낸다. 물 가운데서 청청하게 잎을 내고 있는 소나무는 한폭의 산수화 같다. 여기다가 잔잔한 호수 위로 보트 몇 척이 물을 가르며 달리면, 낭만적인 모습에 탄성이 절로 난다.

호수를 끼고 있는 마을에서 남해 어촌의 모습을 보다, 후산리-동량면

길은 계속 이어진다. 수름산 아래를 돌아 후산을 지나면 사오리다. 이쪽은 잘 포장된 도로가 놓여있다. 이곳에는 예닐곱 가구가 옹기종기 모여 앉아 있다. 주민들은 모두 충주호 담수로 고향집을 잃은 수몰민들. 보상금이 쥐어졌지만, 이들은 대대로 살아온 집터를 멀리 떠나지 못하고 수몰된 집터가 내려

다보이는 언덕에 집을 짓고 마을을 꾸렸다. 마을 앞쪽으로는 푸른 호수가 펼쳐져 있고 마을은 더할 수 없이 평화롭다. 어디선가 본 듯한 풍경. 그러고 보니 이 마을은 남해의 어촌마을과 꼭 닮아있다.

사오리부터 다시 비포장길이다. 부산리와 단돈리, 방흘리를 거쳐 만나는 오산리쪽은 단연 이 구간의 하이라이트다. 아름다운 풍광에 차를 돌려 다시 되돌아섰을 정도다. 찰랑이는 물가에 아름드리 밤나무가 폭죽처럼 가지를 펼치고 있고, 물 건너 쪽에는 숲들이 펼쳐져 있다. 이윽고 길은 평탄한 포장도로를 만나고 충주가 가까웠음을 알리는 이정표가 나온다. 사실 충주가 가까워졌음은, 이정표를 보지 않고도 알 수 있다. 사과 과수원이 줄을 지어 나타나기 때문이다.

덤으로 곁들이는 월악산,
마즈막재-월악산 송계계곡-능강-수산

길은 아직 끝이 아니다. 이쯤에서 돌아나가 충주를 거쳐 드라이브를 마무리해도 만족스럽다. 그러나 거친 길이 좋다면 동량면에서 충주댐을 지나서 마즈막재(마지막재)를 넘고 다시 재오개를 넘는 길도 있다. 이쪽은 길이 다소 험한 편이다. 산자락을 오르는 길은 제법 힘겹다. 노면도 좋지 않다. 승용차를 타고 올랐다면 덜컥 겁이 날 정도다. 하지만 이 길에 오르면 색다른 풍경을 감상할 수 있다. 멀리 펼쳐진 충주호다. 월악산의 자락들이 병풍처럼 첩첩이 이어져 있고 그 아래 물이 담겨있는 전경을 만날 수 있다. 재오개 고개를 넘어 내려서는 길에는 배밭과 사과밭이 펼쳐져 있다. 이쪽 배밭의 배맛은 달기로 이름나 있다. 도선골에서는 다시 포장길이 이어지고 길은 번듯한 36번 국도와 만난다.

이른 아침에 떠났더라도 이쯤이면 해 질 녘이다. 월악산 자락을 끼고 단양쪽으로 빠질까, 아니면 수안보까지 더 내려갔다가 월악산 송계계곡을 만날까. 시간여유가 있다면 후자가 낫다. 수안보에서 온천욕을 하며 숙박을 하고 이튿날 지름재를 넘어서 597번 지방도로를 타고 월악산의 송계계곡을 남에서 북으로 가로지르는 여정이다. 송계계곡 길은 경사가 급하지 않고, 포장도 잘 돼있어 쾌적하기 이를 데 없다.

송계계곡을 다 내려오면 영주쪽으로 향하는 36번 국도를 만난다. 이 길을 따라 수산으로 갔다가 청풍을 거쳐 시계방향으로 능강을 거쳐 다시 수산쪽으로 되돌아오는 코스는 익히 알려진 충주호 드라이브의 정통 코스다. 이 길을 밟아야 하는 까닭은 바로 '능강'에 있다. 능강에서는 ES리조트를 빼놓을 수 없다. 충주호반의 금수산 자락에 그림같이 앉아있는 ES리조트는 '리조트'란 이름에 걸맞은 곳. 리조트란 이름을 붙여놓고는 멋대가리 없이 고층건물을 짓는 다른 곳과는 전혀 다르다. 건물마다 담쟁이들이 벽을 타고 오르고 있고, 어떤 곳에 서건 충주호의 아름다운 풍경이 단연 압권이다. 물오리들이 연못을 노닐고 방목된 염소떼들은 평화롭게 리조트 이곳저곳을 돌아다닌다. 그러나 아쉽게도 회원이 아닌 경우에는 리조트에서의 숙박은 불가능하다. 대신 평일에는 외부인들도 신원확인만 하면 리조트를 돌아볼 수 있다. 담쟁이 넝쿨이 우거진 ES리조트 레스토랑에서의 우아한 식사를 드라이브의 마지막 코스로 잡는다면 더할 나위 없겠다.

충주호가 길게 내려다보이는 절집 정방사도 빼놓을 수 없는 곳이다. 뜬금없게도 정방사에는 바닷가 절집에나 있을 법한 해수관음상이 서있는데, 절집을 지키던 스님은 "물이 같은 물이지, 바다와 민물을 가려서 뭘 하겠느냐"고 했다. 이 절집에서 내려다보이는 일망무제의 전경은 그야말로 일품이다. 절집에 들어서 가장 안쪽 지장전에 기대서 풍경소리를 들으며 발아래 펼쳐지는 산자락과 충주호의 모습을 대하노라면 신선이 된 기분이다. 정방사의 허름한 해우소에서도 산풍경과 호수의 모습이 눈에 들어온다. 해우소에서 호수가 눈에 드는 곳은 아마 이곳뿐이지 싶다.

사진 왼쪽부터 시계방향으로 오산리, 사오리, 부산리의 호수 풍경

가는 길

POINT 충주호가 만수위로 찰랑거릴 때의 경관이 가장 빼어나다. 가을이 깊어갈 무렵 충주호 수위가 만수위라면 두말 할 것 없이 짐을 챙겨 길을 떠나자.

중부고속도로 감곡 톨게이트 → 좌회전 → 38번 국도 → 산척 사거리 동량 · 산척 방면 우회전 → 덕해 삼거리 삼탄 방면 좌회전 → 장성보건진료소 → 부산리 방면 좌회전 → 월굴리 → 후산리

오두재에서 만난 낙엽송 군락

스물여섯 번째 코스

이국에서 온 크리스마스 카드처럼, 태백 예수원

"전혀 예상치 못했던 풍경에 그만 허를 찔리고 말았습니다. 겨울을 마중하러 간 길이었습니다. 그러나 태백의 산간마을, 넓게 펼쳐진 진초록 호밀밭 앞에서 깜짝 놀라고 말았습니다. 단풍도 다 떠나 보낸 계절에 이렇듯 싱싱한 진초록의 이국적인 풍경이 남아있다는 사실이 도무지 믿기지 않았습니다. 또 겨울 초입에서 만나는 진초록이 이렇듯 감격적인지도 미처 몰랐습니다. 태백에서 삼수령과 검룡소를 지나 하장 쪽으로 향하는 35번 국도. 그 길에서는 이런 복병 같은 아름다움을 만날 수 있습니다.
그 길을 따라 태백 예수원에 도착했습니다. 이곳을 찾으려면 자격이 필요합니다. 쳇바퀴처럼 도는 일상이 무의미하게 느껴지거나, 스스로에게 휴식이 필요하다고 느낀다면 자격을 갖추게 된 겁니다. 그럴 때 이곳에서 침묵의 시간을 가질 수 있습니다. 이렇듯 태백에는 생소한 아름다움이 숨어 있습니다."

황토 구릉
초록 호밀

호밀밭이라고 했다. 태백에서 35번 국도를 타고 삼수령 피재를 넘어 삼척 하장쪽으로 향하는 길. 그 길에서 진초록 빛을 만났다. 태백의 국도는 다른 지방의 길과 느낌이 다르다. 국도에서 잔가지처럼 갈라진 샛길은 산을 휘감고 돈다. 산자락의 구릉은 모두 고랭지 배추밭. 그러니 거미줄처럼 이어진 샛길은 배추를 실어 내가는 길이다. 이미 올 한 해 농사가 마무리된 샛길가의 구릉들은 갈아엎은 황토색 흙이 대부분이지만, 군데군데 초록빛으로 출렁인다. 초록빛으로 일렁이는 곳은 모두 호밀밭이다. 호밀은 배추농사를 끝낸 뒤 지력을 돋우기 위해 미국 등지에서 수입해다 심은 것. 이듬해 봄까지 길러낸 뒤 호밀을 수확하지 않고 통째로 갈아엎으면 훌륭한 비료가 된다. 더러는 소 먹이로도 이용된단다. 이렇듯 호밀은 이듬해 배추농사를 위한 효용으로 심어놓은 것이지만, 조경의 목적을 위해 심은 것처럼 아름답다.

어디선가 본 듯한 초겨울의 풍경. 그러고 보니 눈 내린 알프스산 자락의 목가적인 전원마을을 장식하는 초록색도 모두 이 호밀이었지 싶다. 일찍 씨앗을 뿌린 밭에는 호밀이 무릎까지 올라와 있다. 발목까지 호밀이 자란 밭은 고운 양잔디를 심어놓은 것처럼 운치가 넘친다. 구불구불 호밀밭 사이로 걷자면 계절을 거꾸로 가는 듯한 기분이 든다. 지금도 충분히 이국적이지만, 머지않아 태백의 산등성이에 눈이 내리면 흰 눈과 진초록의 호밀밭이 더 독특한 경치를 만들어내지 싶다.

이국적인 풍경,
높새바람에 힘차게 도는 풍차

태백시에서 삼수령을 넘다 보면 왼쪽으로 만나는 산이 매봉이다. 정선에서 태백쪽으로 두문동재를 터널이 아닌 산길로 넘노라면 더 환히 보이는 봉우리. 그 매봉에는 풍력발전기 8기가 우뚝 솟아 있다. 풍력발전기야 선자령 일대에서도 볼 수 있지만, 이쪽의 풍경은 좀 색다르다. 발전기가 들어선 동쪽 사면이 대규모 고랭지 채소밭이다. 1962년부터 조성됐다니 벌써 45년이나 되었다. 해발 1250m에 위치해 전국에서 가장 고도가 높고, 면적 또한 최대인 배추밭이다. 한 해 평균 이곳에서 실어 내가는 배추만 600만 포기가 넘는다. 풍차는 배추밭의 정상에서 휙휙 바람소리를 내며 돌아간다.

봄이면 습기를 머금고 태백산맥을 넘는 바람이 풍차를 지나며 수분을 다 내려놓고, 반대편으로 고온 건조한 바람이 돼서 불어나간다. 또 겨울에는 서쪽에서 부는 바람이 풍차를 넘어 동해안 쪽으로 불어오면서 매서웠던 바람 끝이 무뎌진다. 겨울 동해안이 서해안보다 기온이 높은 이유가 바로 이 높새바람 때문이기도 하다.

이곳은 기온이 워낙 낮아 보통 5월 말부터 배추농사가 시작돼 8월 말이면 수확이 모두 끝이 난다. 9월부터 이듬해 5월 말까지는 길고 긴 겨울인 셈이다. 그러나 일없이 버려진 엎어놓은 함지박 모양의 배추밭 구릉에는 모진 바람을 이기고 자라는 초록색 덩굴 잡초들과 군데군데 심어진 호밀들로 이즈음도 푸르다. 바람은 끝없이 펼쳐진 구릉 위를 우우 몰려다니다 풍력발전기의 풍차를 힘차게 돌려대고 있다.

낙엽송
자작나무 숲

태백의 아름다운 초가을 풍경의 절반쯤은 낙엽송이 만들어낸다. 낙엽송은 소나무처럼 생겼으되 낙엽이 진다고 해서 이런 이름이 붙었다. 둥치가 쭉 뻗고 삼각형의 수형을 이루는 낙엽송은 푸른 빛일 때도 아름답지만, 잎이 질 때 더 낭만적이다. 노란색 혹은 밝은 갈색으로 물드는 낙엽송은 햇빛을 받으면 색깔이 다채롭게 변한다. 특히 그림자가 길어지는 석양 무렵, 노랗게 빛이 내릴 때 반짝이는 모습이 가장 아름답다. 낙엽송은 도시 근처에도 흔한 나무지만, 한그루 한그루의 모습보다는 군락을 이뤄 노랗게 물들 때 장관을 연출한다. 태백의 산에는 이런 낙엽송이 도처에 군락을 이루고 있다. 통째로 산 하나가 낙엽송으로 뒤덮여있는 곳도 있고, 어떤 곳에는 솔숲에 심어진 낙엽송 군락이 용이 꿈틀거리며 지나는 것처럼 숲에 그림을 그려내고 있기도 하다.

정선 귀네미 마을의 배추밭

낙엽송의 아름다움에 비견할 만한 것이 옷 벗은 자작나무들의 자태다. 태백 쪽에는 자작나무 숲이 흔하다. 소나무 숲과 낙엽송 숲에 자작나무들을 줄지어 심어놓았다. 줄지어선 자작나무들은 이미 모든 잎을 떨구고 흰 수피를 드러내놓고 있다. 날카로운 금속성의 바늘과 같은 낙엽송의 둥치며 가지들이 낙엽송의 노란빛과 어우러지면 마치 북구의 어느 나라 숲에 와있는 듯한 느낌을 준다.

낙엽송의 아름다움을 가장 극적으로 보자면, 하장에서 멍애산 자락을 넘어 몰운대까지 이어지는 424번 지방도를 넘어보면 된다. 사북까지 이어지는 이쪽 길에서 오두재를 넘는 길에는 한쪽 산 사면이 모두 낙엽송이다. 둔전리 못 미쳐서 차를 대놓고 바라보면 수만 개의 침을 꽂아놓은 듯 곧게 뻗은 낙엽송들이 노랗게 물들어가고 있다. 낙엽송 숲 중간중간 자작나무 숲이 펼쳐져 독특한 풍광을 빚어낸다.

산골마을
유럽풍 수도원

태백의 산골마을에 들어선 예수원은 유럽의 수도원을 연상케 한다. 우선 들어선 건물의 모양이 그렇다. 돌로 지어낸 장중한 건물과 나무로 짠 지붕에 짚을 엮어 얹은 모습은 한눈에도 유럽풍이다. 외국의 관광엽서에서나 보던 모습이다. 이런 이국풍의 건물이 덕항산 자락의 초겨울 풍경과 기막히게 어울린다.

태백 예수원

사진 왼쪽부터 시계 방향으로 낙엽송 군락, 예수원의 이국적인 모습

예수원은 1965년 미국 성공회 신부인 고(故) 대천덕(미국명 루벤 아처 토리 3세) 신부가 세운 공동체다. 노동과 기도의 삶을 위해 신도들이 모여 자급자족의 공동생활을 하는 수도원이다. 지금도 오지로 꼽히는 덕항산 자락이 40여년 전에는 오죽했을까. 오지 중의 오지에 세운 예수원의 의미는 비신도의 눈으로는 잘 가늠할 수 없지만, 이곳에 들어오면 왠지 엄숙하고 장중한 느낌이 앞선다.

사실 이곳을 소개하는 것은 참 조심스럽다. 비신도들에게도 개방돼있는 곳이지만, 자칫 여행의 즐거움에 목적을 둔 사람들이 찾아갈까 걱정되는 탓이다. 일반인들에게 문을 열었다지만, 수도의 공간인 이곳은 먹고 놀기 위한 여행자들은 물론, 단순히 숙소로 묵어가려는 사람들도 사절하고 있다. 적어도 자신을 들여다보거나, 삶을 성찰하려는 목적을 가진 손님들만 받고 있다. 주말 방문은 불가능하고, 반드시 2박3일 기간만 묵을 수 있다. 하루 세번 있는 예배에 참석해야 한다는 조건도 있다. 그러나 이런 조건을 지킬 수 있다면, 고요한 휴식을 체험할 수 있다. 도회지에 두고 온 잡다한 생각을 버리고 '십자가의 길'이란 이름의 산책로를 천천히 걷는 일. 산책로 끝의 야외 기도처에서 나무 십자가 앞에 무릎을 꿇는 일. 꼭 가톨릭 신도가 아니더라도 이런 경험 속에서 헝클어진 생각이 정리되고, 투명하게 비워지는 기분을 느낄 수 있다.

침엽수림
고요한 호수

삼척시 하장면에는 광동호가 있다. 지난 1990년에야 담수가 끝난 저수지다.

해발 904m의 지각산 자락에 가두어진 호수는 숲으로 둘러싸여 있다. 워낙 지대가 높은 곳이라 호수를 둘러싸고 있는 나무 대부분이 소나무, 전나무 등 침엽수들이다. 침엽수림으로 둘러싸인 호수. 쉽게 마주할 수 있는 풍경은 아니다.

광동댐이 만들어지면서 수몰민들은 인근의 귀네미마을로 이주했다. 귀네미마을은 삼척의 환선굴이 있는 덕항산의 반대편 자락으로 해발 950m에 들어서 있다. 과거 화전민들이 살던 곳이라는데, 오래 전에 사람들이 떠난 뒤 수몰민들이 이주해 이 마을에 자리를 잡았다. 귀네미마을 입구의 표지석에는 '일출이 아름다운 곳'이란 글이 쓰여있다. 이렇듯 깊은 산속의 마을에서 어찌 일출이 보일까. 그러나 이 곳은 동해안 정동진보다 1분 먼저 해돋이를 볼 수 있는 곳이다. 맑은 날, 이곳에 서면 신새벽을 마주할 수 있다고 했다.

가는 길

POINT 예수원은 관광지가 아닌 기도와 수행의 공간이니만큼 정숙과 예의는 기본. 결코 이국적인 경관이나 기념촬영의 장소로 소비할 곳이 아니다.

중앙고속도로 제천요금소 → 영월 · 단양 방면 우측방향 → 38번 국도 → 사북교차로에서 우측 방향 → 사북 오거리 좌회전 → 한국병원 앞 좌회전 → 노나무재 터널 → 백전교 앞 태백 방면 우회전 → 백전2리 마을회관 좌회전 → 태백 · 원동 방면 우회전 → 424번 지방도 → 임계 · 하장 방면 좌회전 → 35번 국도 → 미동초등학교 하사미분교장 지나 우회전 → 예수원

광동호

스물일곱 번째 코스

뜨거운 삶이 숨쉬는 산과 바다, 장흥 내저마을

"전남 장흥의 산과 바다는 뜨겁게 달아올라 있습니다. 천관산은 가시면류관 같은 암봉들이 맹렬하게 타오르는 불길의 형상으로 우뚝 솟아 있더군요. 그 불길의 능선을 지나 아홉 마리 용이 딛고 섰다는 구룡봉에 올랐습니다. 용의 발자국이 남아 있다는 암봉 끝에 서서 느낀 탐진지맥의 기운이 어찌나 힘차던지요.
장흥의 새벽 바다는 매생이를 건져 내는 고된 노동으로 뜨거웠습니다. 아무리 혹한의 바다라도 삶의 뜨거움마저 식힐 수는 없는 노릇이겠지요. 새벽 바다에서 건져 낸 매생이를 뚝배기에 담아 뜨끈하게 끓여 낸 밥상을 받았습니다. 남도 끝자락의 기운찬 암봉에서 용의 기운을 느끼고 난 뒤 몸을 데우는 밥상을 비우니 비로소 한 해를 살아갈 기운을 얻은 것 같았습니다."

장흥의 바다와 만나는 탐진강변의 억새밭

아홉 마리 용이 찍고 간 발자국,
구룡봉에 서다

백두대간의 등뼈에서 갈라진 호남정맥의 힘찬 맥박이 탐진지맥으로 이어지다 남쪽 바다에 닿기 직전 거친 산 하나를 불끈 일으켜 세웠으니, 그게 바로 전남 장흥의 천관산이다. 거기에 아홉 마리 용이 딛고 간 봉우리가 있다. 이름하여 구룡봉(九龍峰)이다. 저 스스로 장대한 암릉으로 우뚝 서 있는 구룡봉 암릉에 오르면 발 아래로 모든 것을 제압하는 기운이 느껴진다. 가히 '용의 자리'라 할 만하다.

구룡봉 정상 암릉에는 발자국 형상의 구덩이 수십 개가 있다. 실제 그랬을 리야 없겠지만, 옛사람들은 거기서 아홉 마리 용이 찍고 간 발자국을 보았다. 그러고 보니 암반 위에 어지러운 발자국이 꽃무늬처럼 찍혀 있고 발톱자리까지 선명하다. 천관산은 본래 산자락 바로 아래 바다를 끼고 있었다.

지금은 간척사업으로 바다가 4㎞쯤 물러났지만 발치 아래 남해의 바닷물이 출렁이던 때로 돌아간다면, 물을 관장한다는 용이 깃들기에 이곳만 한 데가 또 있을까 싶다.

구룡봉에 올라서 장쾌하게 펼쳐진 남쪽 바다를 굽어보면서 거기에 아홉 마리 용이 딛고 선 모습을 상상한다. 상상의 배경으로 신증동국여지승람에서 천관산을 묘사한 문장 한 줄을 가져온다. '천관산은 산세가 몹시 높고 험하여 더러 흰 연기 같은 기운이 서린다'. 흰 연기 같은 기운이 서린 높은 암봉에 아홉 마리 용이 우뚝 서 있는 모습. 상상만으로 상서롭고 힘찬 용의 기운이 느껴진다.

구룡봉이 아니래도 천관산은 빼어나다. '천관(天冠)'이라면 왕이 쓰는 관을 뜻하는 말일 터. 그 이름에 걸맞게 능선을 따라 천주봉, 대세봉, 환희대, 복바위, 당바위 등의 뾰족하거나 거대한 암봉 무리가 왕관처럼 솟아 있다. 천관산의 바위가 그려 내는 왕관 형상은 화려하게 보화로 치장된 것이 아니라 뾰족뾰족한 면류관에 가깝다. 바위들이 그려 내는 선이 기름지거나 풍성하지 않고, 말랐으되 강건해 보인다는 얘기다. 여위었지만 더없이 맑은 눈매를 가진 선비의 느낌이랄까.

천관산의 등지느러미처럼 펼쳐진
마르되 강건한 바위들

천관산은 제법 높다. 바닷가에 있으면서 해발 732m에 달하니 해발고도 0m

의 수준점에서 출발하는 산행으로는 만만찮다. 산을 오르다 보면 대개 해발 고도 숫자로 짐작했던 높이보다 더 높게 느껴지는 법이다. 숨이 턱에 닿고 허벅지가 팍팍해지니 그렇다. 그런데 천관산은 다르다. 막상 올라 보면 해발 고도 숫자보다 훨씬 수월하게 오를 수 있다. 높긴 하되 산행거리가 짧기 때문이다. 천관산을 쉽게 오르겠다면 천관산 문학공원 뒤편 탑산사 쪽을 들머리로 삼게 되는데, 여기서 정상까지의 거리는 고작 1㎞ 남짓에 불과하다. 짧은 거리에 높이 오르자니 당연히 길은 가파르지만, 그래도 몇 번 다리 쉼을 하다 보면 금세 정상으로 이어지는 능선을 만나게 된다.

천관산은 여러 개의 등산 코스가 있지만 가장 추천할 만한 것이 탑산사에서 출발해 아육왕탑과 구룡봉을 거쳐 정상까지 가는 코스다. 이쪽 길을 택해 오른대도 1시간 30분 남짓이면 넉넉하게 정상에 닿을 수 있다. 그중 오름길은 1.2㎞ 정도밖에 안 되니 1시간 남짓만 땀을 흘리면 된다.

천관산 아래 문학공원부터 들러 이청준, 한승원, 송기숙 등 장흥 출신 문인들의 자취를 둘러보고 탑산사까지 차로 올라가면 구룡봉으로 이어지는 등산로가 시작된다. 이 길을 택해 오르다 보면 거대한 암봉 아래 숨듯이 자리 잡고 있는 탑산사 큰절을 만나게 된다. 1200여 년 전 영통화상이 천관산에 처음 지었다는 절집이다. 절집을 지나 가장 먼저 만나는 천관산의 비경이 아육왕탑이다. 거대한 바위가 겹쳐져 일부러 쌓아 놓은 듯 5층을 이뤄 허공에 아슬아슬 서서 탑의 형상을 하고 있는 바위다. 아육왕이란 2300여 년 전 인도를 통일하고 불교 진흥을 꾀한 아소카왕을 이른다. 이런 절경에 이국 왕의 이름이 붙여진 것은 천관산의 내력이 불교와 깊숙이 닿아 있기 때문이리라.

아육왕탑과 구룡봉을 지나면 여기서부터 정상인 연대봉까지는 부드러운 능선이다. 솜털 같은 꽃은 다 지고 줄기만 남아 바람에 출렁거리는 억새밭 사이로 부드러운 능선을 따라가면 기암괴석의 절경들이 능선마다 마치 물고기의 등지느러미처럼 펼쳐진다. 솟은 바위의 북쪽으로는 탐진지맥의 꿈틀거리는 모습이 보이고, 남쪽으로는 섬들이 점점이 떠 있는 남쪽 바다의 절경이 펼쳐진다. 치솟은 암봉은 암봉대로, 출렁거리는 억새는 억새대로, 또 바다는 바다대로 그 아름다움을 뽐내니 여기서 더 무엇을 바랄까.

고된 노동으로 뜨겁게 달궈진 바다

장흥 천관산에 불꽃처럼 타오르는 형상의 암봉들이 있다면, 서남쪽 내저마을에는 '뜨거운 바다'가 있다. 찬 바다에 손을 담그고 겨우내 길러낸 매생이를 수확하는 어민들의 고된 노동이 뜨겁고, 노동으로 건져낸 매생이로 끓여낸 국이 또 뜨겁다. 여기다가 매생이 양식을 하는 대덕읍 내저마을과 옹암마을, 삭금마을의 바다를 핏빛으로 달구며 떠오르는 일출 역시 뜨겁다.

이제는 매생이가 전국적인 먹거리가 됐지만, 10여 년 전만 해도 가난했던 시절 바닷가 사람들이 겨울철 허기를 달래기 위해 먹던 구황음식이었다. 소비는 늘었다지만, 생산은 여전히 옛 방식 그대로다. 어민들은 바다에 굵은 대나무를 꽂아 놓고 거기다 대나무를 가늘게 쪼개 만든 발을 널어 두고는 매생이를 길러 낸다. 이른바 '지주식 양식'이다. 발을 짜고, 지주를 박고, 그 발을 바다에 넣고, 수확하기까지 모든 작업은 손으로 다 한다. 내저마을의 서른

아홉 가구 어민들이 배를 타고 나가 일일이 손으로 꽂은 굵은 대나무 지주가 무려 1만 1000개이고 거기다 넣은 매생이 발이 1만 개다.

지주를 박고 매생이 발을 넣는 일은, 매생이를 거두는 일에 대면 거저먹기다. 매생이 수확이 얼마나 고된지는 매생이를 시장의 좌판 혹은 밥상에서나 보는 도회지 사람들은 짐작조차 못하리라. 지주대 사이에 배를 띄우고는 배 위에 위태위태 엎드려서 차디찬 바닷물에 손을 넣어 매생이를 훑어 낸다. 한 번 훑어 낸 게 고작 반의 반 줌도 안 된다. 끝없는 반복 노동이다. 그것도 아무 때나 거두는 것이 아니다. 썰물 때면 매생이가 마르고, 밀물 때면 발이 가라앉아 작업을 하지 못한다. 물때에 맞춰 수확을 해야 하는데, 그러니 시간을 가릴 수 없다. 오후 11시에 작업을 한 뒤 다시 오전 3~4시에 나와 수확을 하고 또다시 오전 7시쯤 바다로 나가는 식이다. 이러니 잠조차 편히 잘 수 없다. 겨우내 서너 시간씩 토막잠을 자야 한다. 이뿐이 아니다. 바닷물의 온도와 일조량에 맞춰 간간이 매생이 발의 수심도 맞춰 줘야 하고, 수확한 매생이도 일일이 씻어 내서 출하해야 한다. 그러니 시장에서 매생이를 살 때 행여 값이 비싸다 타박할 일이 아니다.

바닷가 사람들에게는 고된 노동의 현장이지만, 장흥의 바다를 찾은 이들에게 매생이 양식장은 독특한 아름다움을 보여준다. 고요한 겨울 바다 위에 수없이 꽂힌 대나무 지주는 마치 추상미술 작품을 연상케 한다. 고된 노동으로 만들어낸 다랑이 논이 조형적인 미감으로 다가오는 것과 비슷하다.

비워진 마을을 잇는 길에서 만나는 서정적인 아름다움

장흥에는 구산선문 중에서 가장 먼저 개산했다는 유서 깊은 절집 보림사도 있고, 서울의 정남쪽에 있다 해서 정남진으로 이름 붙여진 바닷가도 있다. 장흥읍에는 또 '우드랜드'란 다소 경박해 보이는 이름을 내걸고 있다는 것 말고는 나무랄 데 없는 빽빽하고 운치있는 편백나무 숲도 있다. 탐진강을 끼고 선 운치있는 정자들도 빼놓을 수 없다.

이중 어디를 둘러본대도 실망할 리 없겠지만, 장흥에서 놓치지 않아야 할 것은 푸근하고 따스한 옛 마을의 정취다. 투박한 돌담과 함석지붕을 이고 있는 시골집, 처마마다 걸린 메주 같은 것들이다. 이런 풍경을 만나겠다면 구태여 찾아갈 것도 없다. 국도나 지방도를 달리다가 내키는 대로 마을로 들어서면 어디서나 이런 정취는 쉽게 만날 수 있다.

여기다가 보탤 것이 하나 더 있으니, 최근 조성된 장흥댐을 끼고 도는 슬로시티 생태탐방로다. 장흥댐 상류인 유치면 신월리에서 반월리로 이어지는 15㎞의 숲길이다. 생태탐방로는 국내 최초로 슬로시티 인증을 받은 유치면 신풍리의 신풍습지공원에서 출발한다. 수변의 갈대들이 햇살에 반짝거리는 습지를 따라 장흥댐 물길에 놓인 징검다리를 건너면 본격적인 길이 이어진다. 한때는 너른 들이었던 습지공원을 지나, 물이 빠진 빈터를 버드나무들이 빼곡히 채우고 있는 덕산저수지를 지나고, 지금은 사라진 집의 울타리였을 대숲이나 소박한 시골집 마당에 서 있었을 감나무, 밤나무들을 지나다 보면

장흥의 삼산방조제 뒷편의 삼산호에서는 핏빛처럼 붉은 낙조를 만날 수 있다

옛 마을의 흔적과 사람 살던 자취를 느낄 수 있다.

장흥댐 담수가 이뤄진 뒤에도 마지막까지 마을이 남아 있었다던 덕산마을의 집은 다 사라졌지만, 고사리 같은 양치식물과 한때 밭을 이뤘던 뽕나무들은 남아 '상전벽해(桑田碧海)'의 고사를 연상케 한다. 실개천 양쪽으로 돌담을 두른 집들이 예뻤다는 돈지마을은 문순태의 소설 '타오르는 강'에도 등장한다. 덤재와 피재, 빈재 등 3개의 산으로 둘러싸인 마을에서 손바닥만 한 땅을 갈고 살았다던 주암리와 갈두마을, 금사리를 차례로 지나면서 길은 곧 유치자연휴양림으로 이어진다. 이 길은 빼어난 아름다움에다, 수몰민이 떠나고 난 뒤의 애잔함까지 겹쳐져 서정적인 느낌을 선사한다.

가는 길

POINT 내저마을로 드는 구불구불한 길에는 바다와 도로를 가로 막는 가드레일이 없다. 경계가 없다는 건 자유롭다는 뜻. 그 길에서 바다 위를 달리는 느낌을 만끽할 수 있다.

서해안고속도로 목포 톨게이트 → 죽림분기점 → 서영암IC → 2번 국도 → 남해고속도로 강진 · 무위사 톨게이트 → 영풍교차로에서 보성 · 강진 방면 좌측길 → 목리교차로에서 강진 · 마량 방면 우측길 → 영동 삼거리에서 장흥 · 대덕 방면 좌회전 → 신리 삼거리에서 옹암 방면 우회전 → 내저리

인생풍경

초판 1쇄 인쇄일 2016년 2월 22일
초판 1쇄 발행일 2016년 3월 1일

지은이 박경일
펴낸이 배문성
편집 bbol@에이의 취향
마케팅 김영란

펴낸곳 나무+나무
출판등록 제2012-000158호
주소 경기도 고양시 일산서구 송포로 447번길 79-8(가좌동)
전화 031-922-5049
팩스 031-922-5047
전자우편 likeastone@hanmail.net

ISBN 978-89-98529-11-6-03980

* 나무,나무는 나무+나무의 출판브랜드입니다.

* 책값은 뒤표지에 있습니다.